8°S
1050

BIBLIOTHÈQUE DE L'HORTICULTEUR PRATICIEN

DUFOUR DE VILLEROSE

CULTURE DU MELON

MÉTHODE SIMPLE ET PRÉCISE

POUR OBTENIR DES

MELONS D'UNE GROSSEUR EXTRAORDINAIRE

D'UNE QUALITÉ ET D'UN GOUT EXQUIS

4e édition ornée de 23 figures

AF472937

PARIS

LIBRAIRIE CENTRALE D'AGRICULTURE ET DE JARDINAGE

RUE DES ÉCOLES, 62 (ancien 82), PRÈS LE MUSÉE DE CLUNY

— Auguste GOIN, éditeur —

CULTURE DU MELON

8° S

ÉVREUX, IMPRIMERIE DE CH. HÉRISSEY. - 578.

DUFOUR DE VILLEROSE

CULTURE DU MELON

MÉTHODE SIMPLE ET PRÉCISE

POUR OBTENIR DES

MELONS D'UNE GROSSEUR EXTRAORDINAIRE

D'UNE QUALITÉ ET D'UN GOUT EXQUIS

4e édition ornée de 23 figures

PARIS

LIBRAIRIE CENTRALE D'AGRICULTURE ET DE JARDINAGE

RUE DES ÉCOLES, 62 (ancien 82), PRÈS LE MUSÉE DE CLUNY

— Auguste GOIN, éditeur —

PRÉFACE

Le melon est une plante de la famille des *Cucurbitacées*, son fruit est incontestablement le plus beau de tous et le meilleur, quand il est bien venu, qu'il a été bien dirigé et cultivé par une main habile.

Malheureusement, toutes les méthodes qui ont paru jusqu'à présent, n'ont pas indiqué les moyens d'obtenir des résultats satisfaisants. Il est impossible de mettre en pratique, d'une manière certaine, aucune des nombreuses méthodes sur cette culture, parce qu'elles n'indiquent rien de régulier, de clair, de positif.

On comprendra facilement qu'il en est des melons comme des autres fruits : une plante ne peut, sans être bien vite épuisée, nourrir beaucoup de fruits et beaucoup de branches, comme on l'indique généralement dans tous les ouvrages qui traitent de cette matière ; tandis qu'en obligeant la séve, et par conséquent toute la nourriture que le pied peut donner, à passer dans le fruit et dans la branche qui porte ce fruit, nécessairement la plante sera beaucoup plus vigoureuse, le melon viendra plus gros et bien meilleur.

Je viens donc présenter aux amateurs une manière certaine d'obtenir un résultat qui dépassera leurs espérances, sans exception de nombre et de qualité; c'est-à-dire que, dans une melonnière où on aura cent ou cent cinquante melons, il ne s'en trouvera pas un au-dessous du poids de 5 kilogrammes, et pas un seul inférieur en qualité ; car ils réuniront à peu près tous les parfums des meilleurs fruits, tels que fraises, framboises, abricots, poires, pêches, etc.

J'ai voulu essayer toutes les méthodes afin de les comparer entre elles ; mais les produits obtenus ont été très-inférieurs tant en qualité qu'en beauté.

Je puis affirmer qu'avec ma méthode on les obtient gros à volonté et d'une qualité bien supérieure à tout ce qu'on peut obtenir par tous les anciens procédés.

Propriétaire et amateur moi-même, j'ai pu m'en convaincre par vingt-trois années de pratique et d'expériences qui m'ont toujours donné le résultat le plus complet.

Certain de l'excellence de mon mode de culture, je viens, dans l'intérêt des amateurs, avec toute la concision et la clarté possibles, le livrer au public, qui ne pourra l'entendre ni l'interpréter de deux manières, car il est dicté par les lois de la raison et du bon sens. Il renferme un point de départ et une base certaine qui découlent d'un principe régulier, duquel on ne peut s'écarter.

Comme je ne doute pas que les personnes qui le mettront en pratique en soient satisfaites, je serai très-heureux d'avoir pu leur être utile, et mon but sera atteint.

OBSERVATIONS

SUR LES

DIFFÉRENTES MÉTHODES DE CULTURE

LE PLUS GÉNÉRALEMENT ADOPTÉES

Nous avons dit au commencement de notre préface, que les différents procédés de culture qui ont été publiés jusqu'ici, manquent de clarté et ne donnent pas les moyens d'obtenir des résultats satisfaisants ; à l'appui de notre dire, nous allons citer les deux méthodes qui sont le plus généralement adoptées, et quoiqu'elles doivent à juste titre avoir la préférence sur toutes les autres, elles ne sont pas moins pour cela complétement erronées.

Nous parlerons d'abord de la méthode sur buttes ou sur cônes de M. Loisel, directeur des jardins de M. le marquis de Clermont-Tonnerre. M. Loisel construit ses buttes avec du fumier à la hauteur de 40 centimètres; ce fumier est recouvert d'une couche de terre de 18 ou 20 centimètres d'épaisseur, ce qui porte les buttes à la hauteur totale de 58 ou 60 centimètres au-dessus du niveau du sol. Les racines des melons plantés au sommet de ces cônes, et qui n'ont qu'une épaisseur de 18 ou 20 centimètres de terre à traverser, sont obligées naturellement de s'enfoncer dans le fumier pur et d'y prendre leur nourriture, ce qui est un double inconvénient, d'abord, parce que le fumier donne un mauvais goût aux melons; ensuite, dans les fortes chaleurs, il dessèche les racines, et si on ne veut pas voir périr les plantes, on est obligé de leur donner des arrosements plus fréquents et plus copieux, ce qui est encore très-nuisible à la qualité des melons. De plus, les racines de melons, qui sont plus traçantes que pivotantes, tendent naturellement à s'écarter et doivent en partie sortir de la butte, ce qui est contraire au développement de la plante. Dans ce cas, M. Loisel recommande de couvrir les buttes d'une couche de fumier de 3 ou 4 centimètres d'épaisseur; alors, presque toutes les racines se trouvent dans le fumier pur, ce qui est contraire aux principes de l'agriculture et aux lois de la raison, car le fumier doit être employé en petite quantité, seulement pour aider à fertiliser la terre, et jamais être donné sans mélanges aux plantes. Encore est-il impossible, quelques précautions que l'on prenne, de travailler la terre des buttes sans les faire crouler et sans déraciner les plantes; cependant, le binage est très-utile pour fertiliser la terre.

Les plantes doivent souffrir beaucoup de ce mode

de culture; elles sont forcément étiolées et doivent par conséquent produire des melons très-petits et très-inférieurs en qualité.

La taille des melons, indiquée par l'auteur, est aussi très-mal raisonnée. Il dit de laisser pousser les branches et de les moucher [1] lorsqu'elles ont atteint la moitié de la hauteur de la butte, et quand les nouvelles branches qui ressortent de cette opération sont arrivées jusqu'au bas, il faut couper indistinctement toutes les extrémités avec une bêche bien affilée. Il ajoute aussi, pour quelques espèces seulement et sans les désigner, que l'on doit *couper les branches faibles ou mal venantes.*

Avec cette théorie, l'on n'a que le hasard pour guide, et alors on peut aussi bien couper une branche utile qu'une qui ne le serait pas; or, il résulte de ce mode de culture une myriade de branches très-faibles, produisant une infinité de petits melons qui se détruisent réciproquement, c'est-à-dire que, lorsque quelques melons ont atteint la grosseur d'un œuf, ou à peu près, il en arrive d'autres qui font périr les premiers et ainsi de suite; ils se succèdent de cette manière jusqu'à ce que la plante soit épuisée: alors les derniers melons venus restent, il est vrai; mais, la plante ne pouvant plus les nourrir convenablement, ils viennent très-petits et très-inférieurs en qualité.

---

[1] Moucher est l'action de couper l'extrémité d'une branche.

Quant à la culture du melon en espalier et sur butte également, *fig.* **1**, communiquée à la Société nationale d'horticulture de la Seine, en **1851**, par M. Jules Devry, il est évident que l'inventeur de cette méthode, qui a voulu garder l'anonyme, a eu l'idée de cultiver le melon de cette manière dans le but seulement d'en faire un objet d'ornement, car ce serait ridicule de penser que l'inventeur ait eu l'intention, en employant ce système, d'obtenir de plus beaux et de meilleurs produits. La raison en est toute simple : c'est que l'anonyme dit de laisser monter la tige et de conserver les quatre premières branches qu'elle

Fig. 1. — Melon en espalier.

donne, lesquelles poussent d'abord avec trop de force et donnent ensuite une quantité innombrable d'autres petites branches qui épuisent la plante en peu de temps. Il faudrait, d'après cette méthode, ne supprimer ni arrêter aucune de ces branches; il faudrait, au contraire, laisser venir la plante à son gré et ne pas faire autre chose que d'attacher les branches contre le treillage à mesure qu'elles viennent et qu'elles s'allongent. La fructification est très-retardée par cette méthode, car tant que la plante pousse vigoureusement, elle ne donne pas de fruit; ce n'est que lorsque le pied est épuisé que les fruits paraissent, et alors ils sont nécessairement chétifs et de mauvaise qualité. Il en est de même d'un arbre à fruit qui pousse trop vigoureusement; il ne donne jamais de fruits, pas même de fleurs, et si, par l'effet du hasard ou d'une circonstance providentielle, il en vient un ou deux sur cet arbre, ils sont noueux, graveleux, et se dessèchent avant de parvenir à maturité. Une plante, n'importe laquelle, ne peut pas nourrir beaucoup de branches et donner du fruit; toutes choses, dans la nature, découlent de ce principe qui est invariable.

En admettant que les melons en espalier puissent être taillés comme je l'indique dans la méthode que je vais mettre sous les yeux du lecteur, il ne serait pas rare d'obtenir des fruits de 16, 18 et même 20 kilogrammes, si l'on cultivait de grosses espèces, telles que le melon de Honfleur, le Coulommiers et le melon monstrueux du Portugal. Tous ces melons ne pourraient être placés à la même hauteur dans le treillage; il faudrait donc un support pour chaque melon, comme l'indique l'anonyme; et, pour supporter un poids aussi lourd, il faudrait une charpente construite plus solidement que la sienne. Ce serait donc un travail et une dépense énormes pour celui qui voudrait mettre ce système en pratique. En résumé, toutes ces méthodes sans logique, indiquant de tailler et couper au hasard, sans raisonnement, ne font qu'entraver la nature et paralyser ses efforts; il en résulte une myriade de branches qui épuisent la plante avant qu'elle se mette à fruits. Ces derniers alors viennent en foule; la plante, déjà épuisée, ne pouvant les nourrir, ils se détruisent réciproquement, jusqu'à ce que l'un d'eux l'emportant sur les autres les fait périr; mais ce n'est pas après s'être disputé la nourriture pendant longtemps avec d'autres, qui l'ont fait souffrir beaucoup lui-même, qu'il peut arriver à un degré supérieur de qualité et de beauté; il faut, au contraire, aider la nature et favoriser ses efforts.

Le melon, qui est une plante annuelle dont la vie est de courte durée, a besoin, pour bien réussir, qu'on prolonge son existence par tous les moyens possibles; il faut pour cela l'entretenir dans un état de vigueur. On y parvient en le traitant dès sa naissance comme on le verra aux divers chapitres de la taille indiqués ci-après. Par ce moyen, on oblige les branches à fruits de se développer; en détournant la séve, on empêche la plante de s'emporter et de s'épuiser; ensuite, ne lui laissant que la quantité de branches et de fruits qu'elle peut convenablement nourrir sans se fatiguer, elle acquiert plus de force et de vigueur à mesure qu'elle avance en âge, ce qui prolonge son existence. Le fruit alors, recevant à discrétion une nourriture abondante, parvient nécessairement au plus haut degré de perfection, tant en qualité qu'en beauté.

CHAPITRE Ier

De la position convenable à une melonnière et des préparatifs nécessaires.

On doit placer sa melonnière en plein air, de préférence, pour la culture des melons d'été, c'est-à-dire, ceux qui doivent mûrir en juillet, août et septembre. Si on la mettait contre un mur exposé au sud, les rayons concentrés du soleil, le manque d'air, nécessiteraient de trop fréquents arrosements qui nuiraient beaucoup à la qualité des melons; et sans cela, on s'exposerait à les voir périr. Les autres aspects sont peut-être plus nuisibles encore par la raison qu'ils sont trop froids et trop humides; les plantes de melon végéteraient, un grand nombre périrait, et les fruits de celles qui résisteraient n'atteindraient pas le degré de qualité que nous nous proposons d'obtenir : le but serait donc manqué.

Il n'est pas de même des primeurs, c'est-à-dire, de ceux qui doivent mûrir en avril, mai et juin : ces derniers, ne pouvant venir et mûrir que sur couche et sous châssis, il convient de leur choisir l'endroit le plus chaud du jardin, et à défaut de mur, on construit, avec des piquets et de la paille, un abri qui les garantisse des vents du nord, qui sont, pendant l'hiver, si pernicieux aux plantes délicates et principalement aux melons.

D'après ces indications, il faut faire choix de l'endroit que l'on veut destiner à recevoir les melons, le faire bêcher dans le mois de décembre, et mieux encore, dès le mois de novembre : on le fume légèrement avec du fumier bien consommé, que l'on enterre en bêchant, afin qu'il finisse pendant l'hiver de se réduire en terreau, ce qui rendra la terre plus friable, plus mouvante, et par conséquent plus facile à diviser.

Du commencement à la fin du mois de mars suivant, on profite d'un ou deux jours de beau temps pour y faire des capots [1] que l'on creuse à environ 30 centimètres de profondeur, sur un diamètre de 70 centimètres : on laisse 85 centimètres d'intervalle entre les capots et dans tous les sens : on jette la terre que l'on sort des capots, dans les intervalles ; on l'écarte et on l'égalise autant que possible.

Quand on sème sur place, c'est-à-dire en plein air dans les capots, on ne sème pas avant le 15 ou 20 mars. Alors, on fait des capots le 1er ou le 5, c'est-à-dire, quinze jours avant de semer, afin que la terre

---

[1] On appelle capots des creux ou trous ronds que l'on fait dans la terre.

ait le temps de se tasser et de s'arranger convenablement pour recevoir les graines, que l'on couvre immédiatement de cloches, et que l'on entoure d'un réchaud de fumier; mais, s'ils sont destinés à recevoir le plant, il suffit de les faire huit jours avant la transplantation.

Les melons maraîchers semés en mars en plein air sont les seuls qui puissent réussir, parce qu'ils sont les plus rustiques de toutes les espèces; mais il est plus avantageux d'élever leurs plants comme ceux de toutes les autres espèces, sur couche chaude, et de les transplanter quand il n'y a plus de gelée à craindre. Il est donc plus convenable de faire les capots à la fin de mars ou au commencement d'avril, pour recevoir le plant; mais on peut très-bien en semer en plein air à la fin d'avril, et les couvrant de cloches, on obtiendra la maturité de leurs fruits en septembre; on prolongera ainsi d'un mois la fructification.

Toutes les plantes destinées à l'alimentation des animaux, de l'homme en particulier et principalement des enfants, doivent trouver dans la terre plusieurs éléments indispensables à leurs bonnes conditions nutritives. Ces éléments sont au nombre de six : 1° celui que les naturalistes ont nommé principe organique, et que les chimistes appellent principe humique ou humus, dans lequel se trouvent renfermées les matières alcalines et azotées qui sont les plus indispensables aux plantes, étant les seules organiques ; il se compose de tous les débris végétaux et de tous les détritus animaux ; 2° les calcaires ;

3° les silices ou sables, qui donnent de la fermeté et de la force aux tiges et aux branches de tous les végétaux; 4° l'argile qui lie les terres et leur conserve l'humidité nécessaire à la végétation. Les calcaires ou chaux, se combinant dans la terre avec différents acides, produisent divers sels ou phosphates indispensables aux plantes. Les terres, dans la composition desquelles ces trois derniers éléments entrent par parties égales, sont les meilleures et sont dites terres franches, parce qu'elles sont éminemment fertiles et qu'elles conviennent à la culture de toutes les plantes en général; 5° le phosphate de chaux qui alimente les os des animaux; les os de l'homme et principalement des enfants privés de cet aliment indispensable, ne peuvent se développer et produisent des êtres rachitiques; et 6° le phosphate de potasse, qui alimente les chairs, les muscles, les fibres des animaux et entretiennent leurs forces; les personnes privées de cet aliment sont faibles, chétives et malingres.

Les autres éléments inorganiques ou minéraux sont l'oxyde de fer, l'oxyde de manganèse, l'oxyde de magnésie, l'acide phosphorique, l'acide chlorhydrique, l'acide sulfuré et l'acide carbonique que l'air fournit aux plantes et à la terre, ainsi que les débris végétaux sur lesquels l'oxygène, en s'introduisant dans la terre, opère une espèce de combustion qui produit de l'acide carbonique.

Ces derniers éléments n'étant pas indispensables aux plantes, se trouvent toujours en quantité à peu près suffisante dans toutes les terres arables, car les plantes en absorbent une très-petite quantité, seulement un demi à un pour cent de chacun d'eux, et celles qui en sont privées ne sont pas moins dans de bonnes conditions nutritives, tandis qu'elles absorbent, de chacun des six premiers, de six à vingt et un pour cent.

D'après ces indications, on voit qu'il est urgent de fournir à la terre ces six premiers éléments pour qu'elle les transmette aux plantes. Il est facile de les donner aux melons, en composant le terreau de la manière suivante :

On met dans un coin du jardin bien abrité du soleil, trois bons tombereaux de fumier mélangé, de mouton, de cheval, de bœuf et de déjections humaines, tant liquides que solides; mais il faut du fumier auquel on a fixé tous les principes alcalins et azotés, qui sans cette précaution se volatilisent. Pour cela, à mesure qu'on sort le fumier des étables ou écuries, pour l'entasser dans la basse-cour où il subit la fermentation qui décompose les différentes pailles ou matières ayant servi à faire la litière, on en saupoudre chaque couche avec du sulfate de chaux en poudre (ou plâtre blanc), dans les proportions de 15 kilogrammes pour 1,000 kilogrammes de fumier.

Le plâtre, ayant la propriété d'absorber les matières alcalines, les empêche de se volatiliser, de répandre l'odeur, et les fixe par conséquent dans le fumier, auquel on conserve ainsi tout l'azote, qui est le principe le plus fertilisant du fumier, étant le seul organique. Mille kilogrammes de ce fumier équivalent à 3,000 kilogrammes de fumier ordinaire. On opère ainsi pour chaque couche, excepté pour la dernière, qu'on ne saupoudre qu'au moment de la couvrir d'une autre couche. On ajoute à ces trois tombereaux de fumier un petit tombereau de compost fait de la manière suivante, sept ou huit semaines à l'avance :

On fait une couche avec des genêts et de la bruyère broyés le plus possible et mélangés avec des chiffons de laine, de la bourre, du crin et des cheveux; on couvre cette première couche avec une couche de chaux vive, c'est-à-dire, récemment calcinée et non délitée, et cassée le plus possible par petits morceaux. On arrose la chaux avec un arrosoir à pomme pour la mouiller également partout, afin qu'elle se délite bien ; on fait ainsi plusieurs couches surperposées, jusqu'à ce que l'on juge le compost assez élevé ; on le termine en forme de comble ou de voûte pour faire écouler l'eau; on le couvre d'une couche de gazon ; tous les jours on bouche avec du nouveau gazon les fentes produites par la fermentation, et tous les huit jours on enlève le gazon pour couper et tourner le compost en tout sens; puis on le réunit, lui donnant toujours la même forme de comble ou de voûte, et on le recouvre entièrement de son gazon.

La chaux, en se délitant, brûle pour ainsi dire toutes ces matières, qui, quoique très-dures, sont décomposées et converties en engrais en sept ou huit semaines.

On ajoute au terreau 4 ou 5 litres de suie de cheminée de cuisine, 7 ou 8 litres de débris de poissons et d'os non calcinés bien pulvérisés, et 7 ou 8 litres de cendres de bois de vigne ou des tiges de fèves de marais, qui sont les deux matières produisant des cendres par excellence, qui contiennent jusqu'à 40 p. 100 de potasse. En général, les autres combustibles ne produisent que des cendres phosphatées et silicatées très-peu alcalines.

Tous les mois, on tourne le terreau en tous sens ; s'il est sec, on l'humecte avec la dissolution suivante, qui a comme le plâtre la propriété d'absorber les matières alcalines, de les empêcher de se volatiliser et de fixer dans le terreau tous ses principes organiques les plus fertilisants. Cette dissolution se compose de 10 kilogrammes de sulfate de fer ou couperose verte, dissous dans 24 litres de purin, et, à défaut de purin, dans la même quantité d'eau.

S'il survient de grandes pluies, on couvre le terreau avec des planches pour empêcher l'eau d'entraîner ses principes les plus fertilisants, et aussi pour l'empêcher d'être inondé, ce qui le refroidirait, et arrêterait ou tout au moins ralentirait sa fermentation et retarderait sa décomposition.

Ce terreau, ainsi composé de cendres qui fournissent la potasse, de débris de poissons et d'os qui fournissent du phosphate de chaux, les matières du compost qui fournissent beaucoup d'azote et de la chaux, et du fumier auquel on a fixé tous les principes organiques au moyen du plâtre qui produit des effets merveilleux sur les plantes papilionacées, telles que les melons, renferme avec profusion tous les principes organiques et inorganiques de tous genres, qui lui donnent une puissance de fertilité extraordinaire, et dans lequel les melons atteignent un degré de perfectionnement exceptionnel, tant en qualité qu'en beauté, quand ils sont dirigés, taillés et arrosés de la manière indiquée dans tout le cours de l'ouvrage.

Le moment de faire les capots étant arrivé, les creux terminés, on les emplit avec moitié de ce terreau, moitié de terre franche et un litre de colombine. A défaut de terre franche, on y met un quart de terre de bruyère, si l'on peut s'en procurer, et un quart de terre de jardin, bien tamisée pour enlever les pierres ; on mélange bien le tout que l'on tasse de manière qu'il ne s'efface pas par la suite, afin que les capots restent toujours un peu bombés, car, s'ils devenaient concaves, l'eau y séjournant ferait périr un certain nombre de plantes et nuirait beaucoup à la qualité des fruits de celles qui survivraient.

Beaucoup de personnes mettent du fumier au fond des capots, pour donner plus de chaleur ; j'ai reconnu que cette méthode est mauvaise : 1°, parce que les capots n'ont pas besoin d'être réchauffés, attendu qu'on élève les plants de melon sur couche et sous châssis, qu'on ne les met dans les capots qu'à la fin d'avril, et même quelquefois en mai, lorsqu'il n'y a plus de gelée à craindre, et qu'on les couvre de cloches aussitôt qu'ils sont plantés ; 2°, le fumier donne mauvais goût aux melons, dessèche la terre et nécessite, dans les fortes chaleurs, de plus fréquents arrosements, ce qui nuit à leur qualité ; 3°, le fumier a le défaut d'attirer les animaux nuisibles, tels que les courtilières, les vers blancs, les taupes et les mulots, qui font de grands ravages. Il est donc important, non-seulement de ne pas les attirer, mais encore de les éloigner. Je donnerai plus loin des moyens infaillibles pour se garantir de ces animaux destructeurs.

CHAPITRE II.

De la manière de semer les graines et de transplanter le plant.

On a généralement l'habitude de semer les graines de melons sur couche et d'enlever le plant avec le plantoir pour le transplanter. J'ai procédé ainsi pendant plusieurs années, et j'ai reconnu que la reprise se faisait très-difficilement et très-lentement ; que mes melons, lorsque le temps n'était pas très-convenable, restaient quelquefois quinze jours dans une complète inaction, ce qui est un retard considérable ! et il arrive encore qu'après avoir souffert pendant tout ce temps, il en périt un bon nombre. J'ai donc dû chercher un moyen d'éviter ce grave inconvénient ; j'y suis parvenu en employant, pendant dix-huit ans, une méthode qui m'a toujours mis à l'abri de ce fâcheux contre-temps.

On a, en effet, des pots en terre cuite faits de deux pièces, c'est-à-dire, fendus par le milieu de haut en bas ; on réunit les deux morceaux que l'on fixe avec deux liens en fil de fer ou en osier, l'un en haut et l'autre en bas. On peut aussi les faire en zinc, avec deux charnières qui tiennent les deux moitiés réunies et deux crochets pour tenir le pot fermé; ces derniers rendent les opérations du semis et de la transplantation plus faciles que ceux en terre, parce que les deux moitiés du pot sont plus promptement et facilement fermées pour l'opération du semis, et plus promptement ouvertes lors de la transplantation. Cette dépense est faite une fois pour toutes, car ils ne se cassent pas comme ceux en terre ; et en leur faisant passer deux couches de peinture à l'huile, ils ne craindront plus l'humidité. Ces pots doivent avoir 10 ou 11 centimètres de diamètre et 12 ou 13 centimètres de hauteur. Ceux en terre doivent avoir deux petits tasseaux sur les côtés, en haut et en bas, ou une rainure pour recevoir les liens qui doivent fixer les deux morceaux ; car, les pots étant plus étroits en bas qu'en haut, les liens ne tiendraient pas. Il est bon d'en avoir un nombre supérieur à celui des pieds de melons que l'on veut élever, parce qu'il vaut mieux en avoir quelques-uns de plus que de se trouver au dépourvu.

Les pots, étant préparés, on les remplit de terre composée de même que pour les capots, et on la tasse pour qu'elle ne s'affaisse pas.

Cette opération terminée, on met dans chaque pot trois ou quatre graines de melon, la pointe en bas, et à 2 centimètres de profondeur : on les arrose, puis on les place sur la couche qui doit être préparée à l'avance ; on les enfonce aux deux tiers dans la couche, laissant un intervalle de 3 ou 4 centimètres entre chaque pot. On garnit ces intervalles de tan ou de sciure de bois, de préférence à la mousse qui donne moins de chaleur, entretient de l'humidité, et, par cela même produit de la moisissure qui est très-nuisible aux plantes. Immédiatement après, on pose les châssis sur la couche, que l'on enveloppe extérieurement de fumier chaud jusqu'à la hauteur des châssis.

Lorsque les graines de melon sont levées et que le plant a deux feuilles, on choisit le plus beau dans chaque pot, puis on coupe les autres rez terre, afin de ne pas déranger ni froisser les racines de celui que l'on veut conserver; ce qu'on ne pourrait éviter si on les arrachait.

Lorsque le plant est en état d'être transplanté, et que le temps est beau, on fait dans chaque capot deux creux de la grandeur des pots et de manière à ce que les deux plantes se trouvent placées à 17 ou 18 centimètres de distance l'une de l'autre; on arrose légèrement les pots, afin que la terre ne se divise pas, alors on enlève le lien du bas; on place le pot dans son creux, ensuite on enlève le lien du haut, et on écarte doucement les deux moitiés du pot; on fait tomber de la terre, à mesure qu'on les écarte, jusqu'à ce que ces deux parties du pot soient assez éloignées l'une de l'autre pour les enlever sans déranger la petite motte de terre qui était renfermée dans le pot et dans laquelle se trouve le jeune plant de melon ;

et ainsi des autres, jusqu'à ce que tous les capots soient garnis de deux plantes de melons, ayant soin de les arroser immédiatement pour que la terre du capot puisse se lier avec celle de la petite motte. L'opération étant terminée, on les couvre de cloches, on les garantit du soleil pendant trois ou quatre jours seulement ; et, de cette manière, le plant n'éprouve aucun retard ni aucune altération pour la reprise.

CHAPITRE III.

De la taille des melons.

La couche étant préparée, on sème les graines de melon comme nous l'avons indiqué au chapitre II : on les sème à différentes époques, savoir : au commencement de mars, pour que la maturité des fruits ait lieu en juillet; au commencement d'avril, pour l'obtenir en août ; et dans les premiers jours de mai, pour les avoir en septembre. De cette manière, on aura des melons pendant les trois mois d'été, sans interruption. Pour activer la germination des graines, on les fait tremper préalablement dans l'eau pendant vingt-quatre heures, et dans un endroit dont la température est à 26 ou 30 degrés.

Les graines étant ainsi traitées lèveront au bout de cinq ou six jours, ayant soin toutefois d'entretenir toujours la terre légèrement humide, et de l'arroser avec de l'eau qui soit autant que possible à la même température que celle de la couche (les arrosements ne doivent jamais se faire autrement); car, si l'on employait de l'eau froide, presque toutes les plantes de melons périraient, et celles qui résisteraient ne seraient jamais vigoureuses. A mesure que le plant devient plus fort, on fait les arrosements moins fréquents, mais un peu plus copieux.

Douze ou quinze jours après que les graines ont levé, les jeunes plants sont en état d'être mouchés, ou en grande partie. Il ne faut pas attendre qu'ils soient trop avancés pour faire cette opération, ainsi que toutes celles qui concernent la taille; car la tige qui doit subir la première opération serait trop forte, de même que les branches qui doivent être supprimées ou mouchées; cela leur ferait des plaies trop grandes qui occasionneraient une perte de séve plus considérable et qui les épuiseraient inutilement. Il résulte de ces sortes de négligences, que les plus forts deviennent les plus faibles.

Je ferai remarquer que la composition du terrain et le mode d'arrosements contribuent beaucoup à la réussite, mais que c'est principalement de la taille faite à propos et en temps opportun que dépend un résultat parfait.

PREMIÈRE TAILLE. — A mesure que les jeunes pieds de melons ont quatre feuilles, non compris les deux cotylédons, *fig.* 1, il faut leur couper la tige au-dessus de la quatrième feuille, et faire attention que ces sortes d'opérations doivent se faire avec une lame de couteau très-étroite, très-mince et bien affilée, afin de ne pas meurtrir l'extrémité de la tige ou des branches que l'on doit supprimer. Ces meurtrissures sont pernicieuses, et on ne peut les éviter, en les coupant avec l'ongle, comme le font beaucoup de personnes, qui mutilent ainsi leurs melons par ce procédé.

DEUXIÈME TAILLE. — La séve, qui tend toujours à monter, étant arrêtée par la première opération, donne naissance, trois ou quatre jours après, à deux branches qui se trouvent placées dans l'aisselle de chaque cotylédon. Pendant que ces deux branches sont encore à l'état de boutons, et lorsqu'ils ont

Fig. 2. — Première et deuxième taille.

atteint la grosseur d'un gros pois, *fig.* 2, on les supprime en passant la pointe arrondie d'un canif à côté du bouton, que l'on pousse légèrement pour le faire tomber. Il faut avoir bien soin de ne pas toucher la tige ni le cotylédon pour ne pas les blesser ni les meurtrir.

Il est essentiel d'enlever ces deux branches, par la

raison qu'elles deviendraient trop fortes, qu'elles produiraient une quantité prodigieuse d'autres branches avant de donner aucun fruit, et le pied serait épuisé lorsque viendraient à paraître quelques rares et chétifs melons. Ces branches sont ce que les jardiniers appellent vulgairement *bois gourmand* ; elles viennent presque toujours plates et larges de 2 ou 3 centimètres; elles poussent si vigoureusement, que la plante est bien vite épuisée : en outre, il survient très-souvent un chancre, qui se forme à la naissance de ces deux branches et fait périr la plante sans qu'on puisse y porter aucun remède.

TROISIÈME TAILLE. — La seconde opération fait développer immédiatement deux autres branches qui se trouvent placées dans l'aisselle des deux premières feuilles situées au-dessus des deux cotylédons ; ce sont ces deux branches qu'il faut conserver et auxquelles nous donnons le nom de branches mères.

Lorsque les jeunes plantes sont arrivées à cette période, on procède à leur transplantation, c'est-à-dire, de quatre à dix jours après la seconde taille; il ne faut pas attendre que les deux branches mères soient en état d'être mouchées à leur tour, parce que le pied serait trop fort, la transplantation serait plus difficile, et la reprise moins sûre. D'une autre part, il faut éviter de faire subir à la plante deux opérations, ce qui la fatiguerait et lui serait nuisible. Dans cette hypothèse, il vaut beaucoup mieux avancer la transplantation que de retarder la taille d'un seul jour.

Voici une observation importante sur la transplantation.

Le plant des semis faits du 8 au 31 mars, ne pouvant être transplanté avant que la température soit adoucie d'une manière convenable, ce qui n'a lieu ordinairement qu'à la fin d'avril et même quelquefois en mai, reste nécessairement plus longtemps sur couche et dans les pots que celui des semis du courant d'avril ; dans ce cas, on sème les graines dans des pots de 14 centimètres de diamètre pour que leurs racines ne soient pas gênées, ce qui empêcherait le plant de se développer. En outre, les jeunes plants ayant quatre feuilles, non compris les deux cotylédons, ce qui a lieu ordinairement du 15 à la fin d'avril, pour les semis du 15 mars, si alors le temps est beau et la température douce, on procède à leur transplantation, et, immédiatement après leur reprise, on leur fait subir la première taille dans les capots ; si, au contraire, le temps n'est pas propice, on la leur fait subir dans les pots, et quatre jours après, leur plaie étant complétement cicatrisée, on les transplante, si la température est devenue convenable ; il faut autant que possible les planter quand ils sont arrivés à cette période, et ne pas attendre que leurs branches mères soint formées ; car, plantés jeunes, leur reprise a lieu facilement et promptement ; tandis que si l'on attend qu'ils soient trop forts pour les transplanter, leur reprise est beaucoup plus difficile et plus lente.

Mais il faut les planter avec leur motte sans déranger les racines; cette opération étant bien faite, la végétation de la plante n'éprouve aucune interruption, et, pour peu qu'elle soit mal faite, la reprise met de six à huit jours, retard considérable, certaines années.

Arrivées à la quatrième période de leur existence, les plantes de melons ont atteint un assez grand développement ; on répand alors et le plus également possible, sur toute la surface de chaque capot, la valeur d'une cuillerée à café de chlorure de sodium (sel marin, sel de cuisine) bien pulvérisé, et on arrose immédiatement.

La chaux qui se trouve dans le terreau par suite de son mélange avec le compost, se combine avec le chlorure de sodium ; cette combinaison produit un sel des plus utile donnant beaucoup de force aux tiges ainsi qu'aux branches des plantes, qui, dès lors, sont moins délicates et moins sensibles, et nécessairement leurs fruits s'en trouvent mieux.

Mais il faut absolument que le chlorure de sodium trouve de la chaux dans la terre pour que cette combinaison ait lieu ; dans le cas contraire, il ne produit aucun effet.

Aussitôt que les deux branches auxquelles nous avons donné le nom de branches mères auront atteint six ou sept boutons (*qui sont les parties d'où sortent les branches*), on les arrête à leur tour, c'est-à-dire qu'on les coupe immédiatement au-dessus du septième bouton *fig.* 3, si la plante est bien vigoureuse, car si on les arrêtait plus tôt, la fructification serait retardée par la surabondance de végétation ; si,

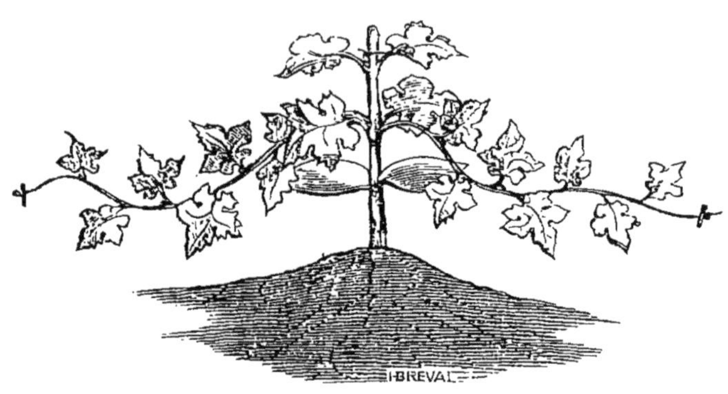

Fig. 3. — Troisième taille.

au contraire, la plante n'est pas trop vigoureuse, on arrête les branches mères au sixième et quelquefois au cinquième bouton, lorsque la plante est un peu faible, afin de lui donner de la force. De même, on taille court et on élague les arbres fruitiers qui sont fatigués et épuisés, pour leur donner de la force et rétablir l'équilibre. Au contraire, si un arbre pousse trop, on le taille long, on le charge en bois, afin de l'empêcher de trop pousser et l'obliger à donner du fruit.

Quatrième taille. — Les deux branches mères étant arrêtées par cette troisième opération, la sève se porte aussitôt dans les cinq, six ou sept boutons de chacune de ces deux branches, desquels sortent des branches latérales, que nous appellerons branches *secondaires*; ce sont ces dernières qui donnent les fruits: on ne doit plus rien couper ou supprimer jusqu'à ce qu'elles aient des melons de formés; alors on choisit sur chaque branche mère la branche secondaire dont le melon promet le plus. Il se trouve ordinairement sur la troisième branche, en partant du pied, quelquefois sur la seconde, mais jamais sur la première.

Après qu'on a fait ce choix, on supprime la branche ou les deux branches qui se trouvent entre le pied et celle que l'on veut conserver, afin de ne pas intercepter la séve à la branche qui porte le fruit et à laquelle il ne faut jamais rien couper ni supprimer,

Fig. 4. — Quatrième et cinquième taille.

fig. 4; car la moindre petite partie qu'on lui enlèverait empêcherait le melon qu'elle porte de grossir ou de se développer régulièrement; il n'aurait de chair que d'un seul côté et serait nécessairement très-inférieur en qualité.

Il faut au contraire favoriser le développement de cette branche qui porte le melon, ainsi que celui des branches qui tiennent à elle, en leur donnant de l'air et en détournant ce qui pourrait les gêner.

Cinquième taille. — Quatre jours après cette quatrième opération, les plaies étant alors bien cicatrisées, on arrête toutes les branches secondaires qui se trouvent sur la branche mère au-dessus de celle dont on a fait choix ; on les mouche en leur coupant la pointe ou le dernier bouton qui forme le prolongement de la branche.

Après cette cinquième opération, il n'y a plus que la branche qui porte le melon qui reçoive la séve, et par ce moyen on l'oblige à passer directement dans le melon qui est placé à la base de cette branche.

A partir de ce moment, il ne faut pas oublier de visiter sa melonnière tous les deux jours, pour enlever sur toutes les branches indistinctement les petits melons qui viennent en foule et qui nuiraient à celui dont on a fait choix : quoique ceux-ci soient moins bien placés pour recevoir la nourriture, il n'en est pas moins vrai que ce serait toujours au détriment du premier, qui serait privé d'une partie de l'alimentation ; il viendrait moins gros, moins bon, si toutefois cela ne le faisait pas périr, ce qui arrive souvent en pareil cas.

Les branches supérieures qui viennent d'être arrêtées ou mouchées par la cinquième opération restent trois semaines dans l'inaction la plus complète ; pendant ce temps, toute la séve se porte dans la seule branche qui est restée intacte ; elle la fait pousser avec une vigueur extraordinaire et fait grossir le melon à vue d'œil. Si au bout de ce temps ces branches supérieures recommençaient à pousser avec un peu d'activité, on les moucherait de nouveau ; car si on les laissait pousser, ce serait au préjudice du melon ; il est évident que la séve qui alimenterait les branches supérieures ne s'arrêterait pas vers lui, et qu'il en éprouverait une perte sensible.

Cette sixième opération a rarement lieu, par la raison que la branche privilégiée, ayant acquis une grande force, attire toute la séve à elle. De ce moment on peut laisser aller la plante à son gré ; elle n'a plus besoin que d'être sarclée, binée et arrosée. Une melonnière dirigée ainsi donne quatre melons par capot, d'une grosseur prodigieuse et d'une qualité sans exemple. (Ainsi, dans un espace de 10 mètres carrés, on a trente-six capots qui produisent cent quarante-quatre melons.) En ne laissant qu'un seul melon par pied, on les obtient d'une grosseur toute exceptionnelle, sans nuire en rien à leur qualité. Lors donc qu'on voudra avoir un seul melon par plante, *fig.* 5, il faudra choisir une branche secondaire sur l'une des deux branches mères, puis la traiter comme nous l'avons indiqué ci-dessus, et arrêter toutes les branches secondaires qui tiennent à l'autre branche mère. De plus, il faut avoir soin de les tenir continuellement mouchées et d'enlever tous les petits melons aussitôt qu'ils paraissent. De cette façon, il n'y a que le côté de la plante où se trouve le melon qui pousse : aussi vient-il énorme et réunit-il toutes les qualités désirables.

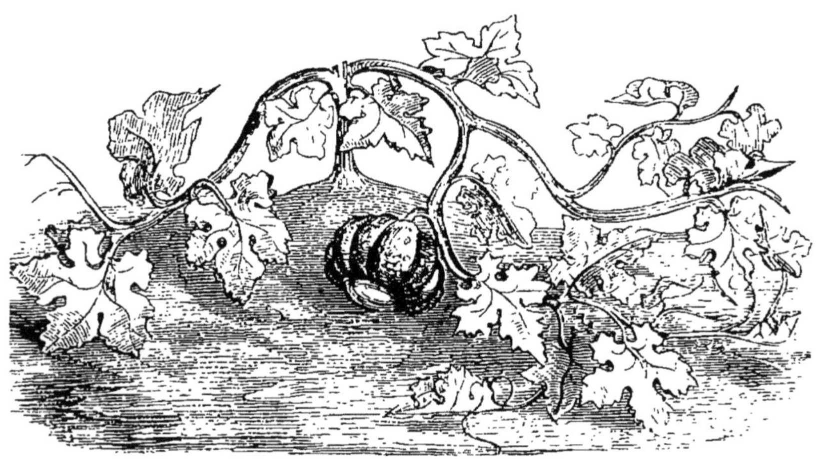

Fig. 5. — Pied de melon après la quatrième taille.

J'engage les amateurs à diriger de cette manière quelques capots : seulement, je dois dire qu'il est bon de n'employer ce système que pour ceux qui sont semés au mois de mars ou dans les premiers jours d'avril; plus tard, ils pourraient ne pas avoir le temps de mûrir, par la raison que plus un melon vient gros, plus il lui faut de temps pour arriver à maturité.

Lorsque les melons ont atteint ou à peu près la moitié de leur grosseur, on les place sur de petites planches un peu épaisses; on les fixe sur ces planches avec trois ou quatre petits piquets que l'on enfonce dans la terre autour des melons, et à mesure qu'ils grossissent, on éloigne ces piquets pour ne pas gêner leur développement. Sans cette précaution, entraînés par leur poids, ils se renverseraient, et, les branches où les tiges venant à se casser, les melons seraient perdus.

Voici une observation très-importante qu'il ne faut pas perdre de vue :

Lorsqu'il fait chaud, les différentes opérations de la taille, du binage, sarclages et arrosements, doivent être faits le soir, une demi-heure avant le coucher du soleil. Les branches de melon sont si tendres, si sensibles, que les moindres meurtrissures peuvent faire périr la plante ou la rendre malade. Comme on ne peut les garantir du contact des pieds, des mains et de l'outil dont on se sert pour biner, il est donc urgent de n'entrer dans une melonnière qu'au moment où le soleil n'a plus d'action ; la fraîcheur et la rosée de la nuit guérissent les meurtrissures, et alors, le lendemain matin, les plantes peuvent supporter les rayons du soleil sans éprouver la moindre altération.

Il faut observer de plus que les melons doivent rester sous cloches jusqu'à l'époque des fortes chaleurs; et lorsque celles-ci ne peuvent plus contenir les rameaux sans les froisser, on les tient soulevées au moyen de trois ou quatre petits piquets que l'on enfonce dans la terre. Dans les fortes chaleurs, les cloches sont plus nuisibles qu'utiles, par la raison que le jour elles attirent trop de chaleur sur les plantes, et la nuit elles les privent de la rosée, qui leur est très-salutaire.

CHAPITRE IV.

Des arrosements.

Pour que les melons puissent atteindre toute la perfection désirable, tant en qualité qu'en beauté, il faut que les arrosements soient faits à propos, avec modération, et en temps opportun.

Depuis le moment où l'on sème les graines jusqu'à la fin du mois de mai, et même plus tard, si le temps est froid, on doit les arroser le matin, afin que l'évaporation s'opère avant la nuit. Si on arrosait le soir, l'évaporation se ferait trop lentement et laisserait aux plantes une humidité qui les refroidirait et les rendrait malades. Il faut, au contraire, dès l'instant que les chaleurs commencent à se faire sentir, bien se garder de les arroser le matin ; car l'arrosement qui mouille les branches et les feuilles les attendrit, et fait affluer la séve avec une force extraordinaire par tous les pores des plantes, ce qui les rend très-tendres, très-sensibles ; alors le moindre coup de soleil les saisit, les brûle et en fait périr une partie, ou les rend malades. Il est donc plus avantageux d'arroser, le soir, lorsque le soleil se couche, parce que l'évaporation étant presque nulle la nuit, l'humidité pénètre bien plus avant dans la terre, ce qui rend l'arrosement plus profitable, et, en second lieu, il produit aux plantes l'effet d'une forte rosée qui leur est très-salutaire.

On a, à cet effet, deux vases en pierre ou en bois, de la contenance de trois hectolitres chacun ; on les place dans un endroit exposé au soleil, et on les remplit d'eau six jours avant de s'en servir, afin que cette eau perde de sa crudité et qu'elle ait le temps de se réchauffer. De cette manière, elle favorisera le développement de la plante. Lorsque les melons ont besoin d'être arrosés, on met cinq ou six litres de cette eau par capot, et lorsque la température s'élève à 28 ou 30 degrés, on les arrose tous les quatre jours ; si elle baisse, on retarde l'arrosement d'un jour ou deux.

Comme il y a des natures de terrain qui se dessèchent plus promptement que d'autres, on reconnaît qu'il convient d'arroser lorsque la terre des capots est sèche à une profondeur de 3 centimètres ; au contraire, si la terre est humide à cette profondeur, on retarde d'un jour ou deux. Il est évident qu'en faisant des arrosements fréquents et copieux, on obtiendrait des melons plus gros ; mais ils seraient moins savoureux et moins parfumés ; or, pour qu'ils réunissent toutes les conditions désirables, il convient d'entretenir une légère humidite dans les capots.

Dans les cas où l'on n'aurait pas mis de colombine dans les capots, on devrait en mettre six litres dans chacun des vases qui contiennent l'eau destinée aux arrosements, et on peut la laisser tout l'été sans qu'il soit nécessaire de la renouveler ; seulement, chaque fois qu'on prendra de l'eau pour arroser, il faudra la remplacer immédiatement et l'agiter un peu chaque jour. Cette eau, ainsi préparée, donnera beaucoup de force et d'activité aux plantes de melons; mais, s'il y a déjà de la colombine dans les capots, il faut se garder d'en mettre dans l'eau, car cela pourrait brûler les plantes.

Une melonnière doit être binée fréquemment et avec beaucoup de précautions, principalement dans les capots, où il faut gratter légèrement la terre près des plantes; car, si l'on attaquait les racines, les melons seraient perdus. Chaque fois qu'on arrose les melons, il se forme, dans les capots, une croûte que l'on doit rompre le lendemain avec les doigts, pour ménager les racines; et, hors des capots, il faut, au contraire, donner de bons labours, afin d'entretenir la terre toujours mouvante, ce qui la rend plus accessible à la chaleur et à l'humidité ; ces labours servent en même temps à éloigner les courtilières et autres animaux nuisibles.

Un jardinier soigneux ne doit pas oublier qu'il ne doit entrer dans sa melonnière pendant le jour, que pour prendre les melons arrivés à maturité.

CHAPITRE V.

Des signes auxquels on reconnaît la maturité des melons.

Je ferai remarquer que, plus un melon reste longtemps à mûrir après qu'il a atteint son développement, meilleur il est ; quoiqu'il ne grossisse plus, il ne reste pas pour cela dans l'inaction : sa chair devient plus épaisse. J'en ai souvent récolté dont la chair n'avait pas moins de 9 à 10 centimètres d'épaisseur, non compris l'écorce.

A l'époque des fortes chaleurs, lorsqu'on s'aperçoit qu'un melon se dispose à mûrir, il faut le garantir du soleil, sans cependant le priver d'air ; sa maturité sera retardée d'un jour ou deux, et il acquerra, par ce moyen, plus de parfum et de saveur.

Pour qu'un melon soit parfait, il faut nécessairement le laisser mûrir sur la plante. On connaît le point de maturité par une forte odeur balsamique qu'il répand, et en appuyant le pouce sur l'écorce à deux ou trois endroits différents ; lorsqu'on le sent céder légèrement sous la pression du doigt, comme une poire lorsqu'elle est mûre, il est à point pour être mangé, et on doit l'enlever immédiatement. Lorsqu'il fait très-chaud, deux heures de retard suffiraient pour lui faire perdre une partie de sa saveur et de son parfum. De même que si on le coupait deux heures trop tôt, il ne perdrait rien de son parfum, mais il serait moins fondant, moins agréable à manger, et, par conséquent, plus indigeste.

C'est une chose très-importante qu'il ne faut pas perdre de vue, car il serait bien fâcheux, après s'être donné beaucoup de peine pendant près de cinq mois, de ne pas saisir le moment convenable pour les cueillir.

De même, on reconnaît un bon melon lorsqu'il est très-lourd relativement à son volume, parce qu'étant de qualité supérieure, il n'a qu'une très-petite cavité à l'intérieur, où sont logées les graines, laquelle cavité doit être sèche, sans eau ou jus ; de manière qu'en frappant légèrement sur le melon avec le revers de la main, il résonne comme un vase vide sur lequel on frappe. On peut être certain qu'il est de qualité parfaite quand il réunit ces conditions, et s'il est mûr à point.

Ces signes extérieurs, auxquels on reconnaît les bons melons, sont les seuls que l'on puisse donner comme certains, et avec un peu d'habitude, on ne s'y trompe jamais.

CHAPITRE VI.

Du choix des graines et de la manière de les conserver.

Autant que possible, on ne doit pas semer de graines nouvellement récoltées, par la raison qu'il s'en trouve toujours dans le nombre qui ne sont pas dans les bonnes conditions et dont le germe ne se développe pas moins; mais les plantes produites par ces graines deviennent maigres et frêles. Or, il faut semer des graines conservées depuis trois ans au moins, parce qu'alors il n'y a que celles qui sont dans de bonnes conditions dont le germe se développe, et qui donne, par conséquent, des plantes fortes et vigoureuses.

Pour conserver les graines, on doit les mettre dans un endroit sec, où la température ne varie pas et ne dépasse pas 7 ou 8 degrés au-dessus de zéro : de cette manière, on peut les garder bonnes pendant six ans, après lequel temps il faut les renouveler,

4

parce qu'il y en aurait un trop grand nombre dont le germe ne se développerait pas.

Il est convenable de conserver des graines chaque année et de faire des paquets de différentes espèces ou variétés, sur lesquels on inscrit le nom et la date, pour deux raisons : 1° c'est que l'on sait de quelle époque sont les graines que l'on sème chaque année, et qu'on est assuré de leurs bonnes conditions; 2° il est indispensable, si on veut conserver les différentes variétés franches, de les cultiver séparément et à une distance de 25 mètres les unes des autres, ou de les semer à des époques différentes, afin que la fleuraison n'ait pas lieu en même temps; car, sans cette précaution, au bout de trois ans, les melons auraient dégénéré au point de ne pouvoir plus reconnaître les caractères qui distinguent les différentes espèces.

On peut essayer de cultiver, à côté les unes des autres, des variétés de la même espèce, telles que les différentes sortes de cantaloups ou de melons verts; il peut en ressortir de nouvelles variétés plus belles, que l'on doit conserver franches à leur tour : mais il convient d'en garder toujours de chaque espèce particulière.

Il ne faut pas s'attacher à la grosseur des melons pour en garder la graine, on doit donner la préférence à ceux dont les caractères sont plus distincts, plus déterminés ; en un mot, qui soient bien francs dans leur espèce : par exemple, un cantaloup doit avoir les côtes très-prononcées, très-détachées, la couronne large et bien caractérisée ; les protubérances ou verrues doivent couvrir presque toute la surface de l'écorce; elles doivent être grosses et bien détachées : voilà les caractères que présente la belle espèce de cantaloups, et desquels il ne faut pas s'écarter sous peine de les voir dégénérer. Il en est de même des différentes espèces et de leurs variétés. Les graines d'un melon mûr à point pour être mangé peuvent être conservées; on peut les laver, elles sècheront plus vite. On les fait sécher au grand air, à l'abri du soleil, de la pluie et de la rosée; on les tourne tous les jours, et lorsque le temps est beau, quinze jours suffisent pour les sécher entièrement.

CHAPITRE VII.

Culture des primeurs.

Les melons de primeur doivent être semés sur couche et sous châssis; ils doivent y mûrir. A cet effet, il faut que la couche soit recouverte de 30 centimètres d'épaisseur de terre préparée telle que nous l'avons indiqué au chapitre Ier pour les capots.

Comme les melons doivent mûrir sur la couche, on peut semer les graines sur place ; par ce moyen, on évitera de transplanter le plant. Si on les sème dans les pots, il faut préparer une seconde couche pour recevoir le plant lorsqu'il sera en état d'être transplanté. Il faut entretenir la terre légèrement humide, soulever les châssis dans le milieu du jour quand le temps est beau, afin de changer l'air et sécher cette vapeur qui est souvent surabondante et qui vient se déposer sur les plantes, ce qu'il faut éviter autant que possible, et principalement à l'époque de la floraison et de la maturité des fruits. Avec cette précaution, les melons atteindront un degré de plus en qualité et en beauté, par la raison que la chaleur et l'air naturel sont plus salutaires aux plantes que la chaleur artificielle et l'air concentré ou vicié d'une couche.

On ne doit pas oublier de couvrir les châssis avec des paillassons ou avec des grosses toiles, lorsqu'il fait de grands froids ou qu'il neige.

Quant aux soins à donner à la taille et à la plante en général, il sont les mêmes que pour les melons qui viennent en plein air pendant l'été.

Les semis se font à différentes époques, savoir : au mois de décembre, pour mûrir en avril; au mois de janvier, pour mûrir en mai; au mois de février, pour mûrir en juin, et ainsi de suite. De cette manière, on peut avoir des melons mûrs depuis le mois d'avril jusqu'à la fin de septembre et même jusqu'en octobre [1].

---

[1] L'auteur ne traitant ici que de la culture de primeur au moyen de la chaleur du fumier, nous croyons utile d'informer nos lecteurs que M. le comte DE LAMBERTYE s'est occupé spécialement dans son TRAITÉ GÉNÉRAL DE LA CULTURE FORCÉE PAR LE THERMOSIPHON DES FRUITS ET LÉGUMES DE PRIMEUR de la *Culture du Melon*. — Ce travail forme une livraison de 40 pages in-8°, prix *franco* 1 fr. 25 c. (*Note de l'éditeur.*)

CHAPITRE VIII.

De la confection des couches.

Après avoir choisi l'emplacement qu'on juge convenable pour recevoir la couche, on y place les cadres de manière à ce que la couche soit inclinée au midi, c'est-à-dire, que le côté le plus élevé du cadre doit être tourné vers le nord et l'autre côté au midi.

Les cadres doivent avoir 1 mètre de largeur sur 1 mètre 35 centimètres de longueur. Le côté le plus élevé des cadres doit avoir 1 mètre de hauteur, et le côté opposé doit avoir 90 centimètres de hauteur. Après avoir placé les cadres, on remplit l'intérieur de fumier chaud, que l'on tasse à mesure et avec soin jusqu'à la hauteur de 50 centimètres; le fumier de cheval, mélangé à un tiers de feuilles sèches, est le meilleur réchaud de tous, en ce qu'il conserve une chaleur plus durable et plus uniforme ; ensuite, on couvre cette couche de fumier d'une autre couche de terre préparée comme nous l'avons indiqué au chapitre Ier, pour les capots : cette couche de terre doit être de 30 centimètres d'épaisseur.

Les couches, ainsi préparées, servent pour les melons qui doivent y être semés et y mûrir ; quand on la dispose pour recevoir les pots, on met 12 ou 15 centimètres de fumier en plus, et une même épaisseur de terre en moins; mais, dans ce cas, il vaut mieux remplacer la terre par du tan ou de la sciure de bois, on obtiendra plus de chaleur. Il faut toujours faire la couche un peu en pente et dans le même sens que celui des cadres, c'est-à-dire inclinée du nord au midi, afin que l'eau ne puisse pas y séjourner, et que les rayons du soleil y arrivent plus directement.

Ceci terminé, on sème les graines dans les pots que l'on place sur la couche, ou on les sème sur la couche elle-même; puis on pose les châssis et on enveloppe la couche extérieurement avec du fumier chaud jusqu'à la hauteur des châssis ; on renouvelle ce fumier chaque fois que la chaleur baisse à l'intérieur, ce dont on s'assure au moyen d'un thermomètre disposé à cet effet, car il ne faut pas s'exposer à laisser trop baisser la température de la couche, qui doit être toujours de 25 à 28 degrés centigrades.

CHAPITRE IX.

Des animaux nuisibles et des moyens de s'en garantir.

Les courtilières, les taupes, les vers blancs, les mulots et les fourmis sont les ennemis les plus dangereux du jardinier ; ils commettent des dégâts incalculables.

La courtilière est, parmi les insectes nuisibles, celui qui fait le plus de ravages; aussi je m'étendrai plus particulièrement sur les moyens de s'en garantir. Les mulots sont les moins dangereux, ils font peu de mal pendant l'été ; ce n'est que l'hiver, lorsqu'ils rentrent dans la terre pour y chercher leur nourriture, qu'ils attaquent indistinctement toute espèce de racines sans s'attacher de préférence aux plantes légumineuses.

Dans ce cas, on leur tend des piéges ; on introduit aussi dans leurs trous et on répand dans les endroits qu'ils fréquentent des graines de raisin, des pruneaux ou autres fruits saupoudrés d'émétique ou de mort aux rats.

Il faut aussi tenir la terre bien travaillée, la remuer souvent, afin qu'étant toujours mouvante, ils ne puissent pas faire aussi facilement leurs conduits souterrains, qui se boucheraient à mesure qu'ils travailleraient : par conséquent, étant constamment dérangés, ils finissent par émigrer.

Les fourmis commettent aussi des dégâts, mais il est facile de s'en garantir ; à cet effet, on cultive cinq ou six pieds de tabac, dont on met deux ou trois feuilles après la tige et au bas de chaque plante dont les fourmis ont pris possession ; dix minutes après, elles auront complétement disparu ; et, malgré toute la célérité avec laquelle elles se sauvent, il en périt néanmoins un grand nombre. On peut détruire les fourmilières en les arrosant avec la composition suivante : 35 grammes de sulfure de potassium (substance qui est la base des bains de Baréges), dans 14 ou 15 litres d'eau.

Il est impossible de se garantir aussi facilement des taupes et des courtilières ; surtout de ces dernières, qui sont souvent non pas par centaines, mais par milliers.

Des Courtilières. — On emploie plusieurs moyens pour prendre ou faire périr les courtilières, *fig.* 6, qui font tant de dégâts dans les jardins, sans cependant obtenir de résultats satisfaisants : 1° on enfonce dans la terre des vases à demi remplis d'eau, dans lesquels elles viennent se noyer, attirées par cette eau; 2° on arrose copieusement une surface de terrain de 1 mètre carré, ou un peu plus grande, que l'on couvre de planches ou de paillassons, et deux heures après on les soulève avec précaution, et l'on en tue par douzaines; 3° on en fait périr aussi quelques-unes en introduisant dans leurs petits conduits

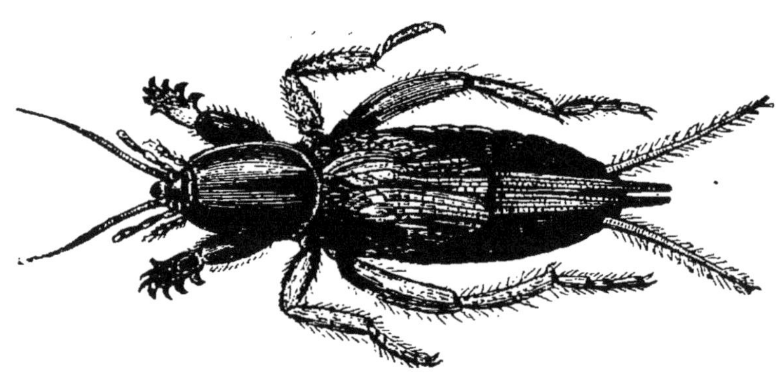

Fig. 6. — Courtilière.

souterrains de l'huile de chènevis mêlée avec un peu d'eau; elles viennent quelquefois périr à l'orifice de ces conduits; mais tous ces moyens sont insuffisants.

Je dois au hasard la découverte précieuse d'avoir pu garantir mon jardin, et particulièrement mes melons, des ravages de cet insecte si dangereux.

La culture du chanvre, qui est une des principales branches d'agriculture dans la localité où est située ma propriété, m'en a fourni les moyens. Immédiatement après avoir enlevé le chanvre, je faisais travailler la terre afin de la disposer à recevoir une autre semence, et je fis la remarque que partout où j'avais récolté du chanvre, on ne trouvait pas une seule courtilière dans la terre. Je questionnai à ce sujet mes ouvriers et les cultivateurs, mes voisins, qui avaient aussi récolté du chanvre ; ils me répondirent tous qu'ils n'en avaient pas trouvé; et partout où il n'y avait pas eu de chanvre, même en labourant légèrement, on en rencontrait à chaque instant. Alors je pensai naturellement que le chanvre devait être un auxiliaire puissant contre cet insecte.

Le printemps suivant, au commencement du mois d'avril, je semai du chènevis entre mes capots de melons, et, à mesure que le chanvre grandissait, je l'éclaircissais ; et enfin je n'en laissai qu'une plante entre deux capots. Ces plantes, étant ainsi éloignées les unes des autres, vinrent très-grosses, très-hautes, et la tige se couvrit d'une infinité de petits rameaux très-volumineux qui faisaient beaucoup d'ombre ; mais, pour ne pas priver mes melons d'air et de soleil, ce qui eût nui à leur développement, je rabattis les pieds de chanvre à la hauteur de 30 à 35 centimètres, c'est-à-dire au-dessus de la branche la plus basse. De cette manière, mes melons ne furent pas gênés, et je n'aperçus pas une seule courtilière cette année-là.

Pour m'assurer si c'était bien au chanvre que je devais la disparition des courtilières, je voulus essayer de n'en pas mettre l'année suivante ; mais les courtilières revinrent et firent de grands dégâts dans ma melonnière. De ce moment, j'ai toujours semé du chènevis dans mon carré de melons, ainsi que dans tout mon potager, et je n'ai plus vu reparaître de courtilières, ni rien eu de coupé dans mon jardin.

DES TAUPES. — Les taupes font aussi beaucoup de mal dans un jardin; mais comme elles laissent sur la terre des traces faciles à reconnaître, on peut les prévenir, et par cela même se garantir parfois de leurs déprédations.

Ces animaux font leurs excursions trois fois par jour : le matin au lever du soleil, de dix heures à midi, et le soir, un moment avant le coucher du soleil; mais principalement de dix heures à midi et le soir. Alors on se place pour les guetter près d'un endroit où elles ont nouvellement travaillé, et lorsqu'elles y reviennent et qu'elles remuent la terre, on les soulève avec une bêche ou un autre instrument et on les tue; mais il faut faire attention de ne pas remuer les pieds, car au moindre bruit elles se sauvent, et on attendrait vainement, elle ne paraîtraient pas.

Pour obvier à cet inconvénient, j'ai inventé un petit instrument très-simple, que j'ai fait moi-même, avec lequel j'en ai pris beaucoup sans me donner la moindre peine et sans perte de temps, puisque deux minutes suffisent chaque fois pour le poser.

Cet instrument, dont je donne le modèle [1] ci-contre,

---

[1] *Explication de la gravure.*

N° 1, petit trou qui correspond à l'ouverture du tube. Ce trou doit avoir 8 millimètres de diamètre.

N° 2, ouverture du taupier, qui est fermé par une soupape mobile.

fig. 7, s'introduit du côté de l'ouverture dans le trou de la taupe; après avoir enlevé la petite butte de terre qui le couvre et l'avoir dégagé avec précaution, on évase l'orifice du trou avec la main,

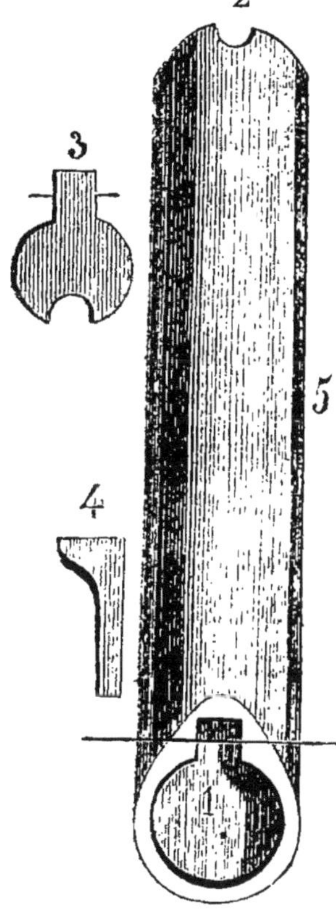

N° 3, soupape vue de face.

N° 4, soupape vue de profil. L'échancrure de cette soupape doit avoir 1 centimètre de diamètre.

N° 5, tube du taupier. Ce tube doit avoir 30 centimètres de longneur et 3 centimètres et demi de diamètre à l'intérieur. La retraite qui est à l'ouverture du tube, faite pour recevoir le talon de la soupape, a 1 centimètre de longueur, ce qui fait que le tube a 4 centimètres et demi dans cette partie-là, et 4 centimètres plus avant; le tube devient tout à fait rond, et n'a plus alors que 3 centimètres et demi de diamètre; la retraite, qui va en diminuant, vient se perdre à cette profondeur et laisse le trou rond. La soupape se fixe à l'ouverture du piége au moyen d'une petite clavette en fil de fer. La soupape doit être inclinée, c'est-à-dire que le côté de l'échancrure doit être placé plus avant dans le tube que le talon, qui se met au bord de la retraite et qui ne doit être enfoncé que de son épaisseur seulement, de façon que la soupape puisse s'ouvrir en dedans du tube et non en dehors.

Lorsque la taupe arrive près du piége, voyant le jour à travers l'échancrure de la soupape et du petit trou qui est situé à l'extrémité du tube, elle est sollicitée à y entrer; alors elle pousse la soupape, qui se soulève pour lui laisser passage. Quand la taupe y est entrée, la soupape retombe et elle se trouve renfermée dans le tube, qui, étant trop étroit pour qu'elle puisse se retourner, elle ne peut, par conséquent, chercher à sortir qu'à reculons; et lorsqu'elle arrive près de la soupape, plus elle la pousse, plus elle se ferme.

afin de pouvoir y introduire plus facilement le piége, que l'on enfonce de 3 ou 4 centimètres, puis on l'assujettit avec la terre qui couvrait le trou. On visite le piége après que l'heure à laquelle ces animaux travaillent est passée, et l'on peut être assuré d'en trouver de pris. Après avoir pris une taupe, il faut remettre le piége une seconde fois dans le même trou, parce que, en toutes saisons, elles sont toujours deux à deux, mâle et femelle; elles se suivent continuellement et passent par les mêmes voies. Or, on est assuré qu'après en avoir pris une, l'autre ne tardera pas à se faire prendre au même endroit. Ensuite il faut changer le piége de place, parce qu'au même endroit on n'en prendrait plus.

Deux de ces piéges dans un jardin suffisent à détruire ces animaux en très-peu de temps. Je n'en ai jamais employé plus de deux à la fois.

Des vers blancs. — Les vers blancs, *fig.* 8 à 11, atta-

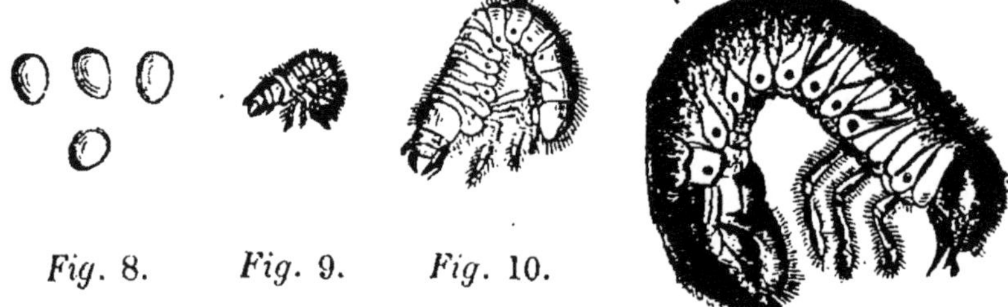

Fig. 8. *Fig.* 9. *Fig.* 10.

8, les œufs; — 9, ver blanc de 1re année; — 10, le même au printemps de la 2e année.

Fig. 11. — Ver blanc de la 3e année.

quent les melons quand ils ne trouvent pas d'autres

plantes. On les préserve de cet insecte en plantant quelques romaines entre les rangées. Comme il est très-friand de ce légume, il ne touchera pas les melons. Aussitôt qu'on voit les feuilles d'une romaine se flétrir, on l'enlève avec une bêche et l'on trouve le ver blanc fixé à ses racines.

En binant la terre souvent, on peut également les éloigner comme les mulots.

Des limaçons. — Les limaçons attaquent rarement les melons, par la raison que les feuilles, les branches, ainsi que les jeunes fruits, sont couverts d'un duvet piquant qui les éloigne; cependant, les années où ces insectes sont très-nombreux, ils commettent quelques dégâts dans les melonnières.

Pour éloigner les limaçons, on fait un cordon circulaire autour des plantes, avec de la chaux délitée ou du sel de cuisine, qui les font périr; ou bien un cordon circulaire de sable très-fin et très-sec, ou de cendres neuves, ainsi que les barbes d'orge recueillies après le battage; toutes ces matières, fines et sèches, se collent à la substance visqueuse qui couvre leur corps, paralysent leurs mouvements et les empêchent de passer outre.

S'il survient de la pluie, on renouvelle l'enceinte, qui, étant mouillée, formerait une pâte qui ne serait plus un obstacle pour les limaçons.

De l'araignée. — La petite araignée, que les jardiniers appellent *grise*, attaque les melons ainsi que beaucoup d'autres plantes; elle est si petite, qu'on ne peut la distinguer sans le secours d'un microscope; elle est d'un gris foncé presque noir, pointillé de rouge. Pendant le jour, elle se tient en repos sous les feuilles, et la nuit elle se dirige vers l'extrémité des jeunes branches qu'elle dévore. Sa multiplication est si prompte, qu'en deux jours une plante en est entièrement couverte.

Aussitôt qu'on aperçoit l'invasion de cet insecte sur une plante, on fait bouillir pendant huit ou dix minutes 150 grammes de tabac à priser ou à fumer daus cinq ou six litres d'eau; lorsque cette décoction est froide, on en bassine les parties attaquées par ces insectes, qui disparaissent complétement. On emploie également avec succès la dissolution du sulfure de potassium indiquée pour les fourmis, ou les fumigations composées de tabac, de soufre et de baies de genièvre, que l'on fait brûler sur un réchaud; on dirige la fumée sur les parties attaquées, en l'insufflant au moyen d'un tube; puis on bassine toutes les parties attaquées pour enlever les détritus de ces insectes, qui pourraient en attirer d'autres.

Quand le temps est froid, toutes ces opérations se font le matin, après le lever du soleil; par un temps chaud, au contraire, on doit les faire un peu avant le coucher du soleil. Sans cette précaution, on préserverait ses plantes d'un danger pour les exposer à un autre non moins grand.

L'acarus, les pucerons, la grosse alirette, ainsi que presque tous les insectes de ce genre, ne résistent ni aux décoctions ni aux fumigations indiquées à l'article précédent, ainsi qu'aux dissolutions de sulfure de potassium mentionnées plus haut.

Un simple arrosement suffit pour éloigner la grosse alirette; mais comme on ne doit pas prodiguer les arrosements aux melons, afin de ne pas nuire à leur bonne qualité, il est plus convenable d'employer les fumigations ou les décoctions ci-dessus désignées.

DES CHENILLES. — Les chenilles n'attaquent pas volontiers les melons. Néanmoins, les années où elles sont très-nombreuses, ils ne sont pas exempts de leurs déprédations. M. le docteur Bailly donne un moyen très-simple et bien facile de les détruire : il conseille de les asperger au moyen d'un petit balai ou d'un gros pinceau de chiendent, avec une petite dose de savon noir dissous dans de l'eau; il assure qu'aussitôt touchées par une goutte de cette dissolution elles sont instantanément frappées de mort.

Observations. — La grise (petite araignée), l'acarus, les pucerons, la grosse alirette, ainsi que la fourmi, n'attaquent les plantes qu'autant qu'elles sont malades. Il en est des plantes comme des animaux : certaines maladies engendrent la vermine; tous ces insectes ne sont pas la cause, mais l'effet de la maladie.

CHAPITRE X.

Maladies des melons.

De la brulure. — Cette maladie a lieu ordinairement lorsqu'il arrive un fort coup de soleil aussitôt après une grosse pluie. Alors la séve, affluant avec plus de force dans toutes les parties de la plante, la rend excessivement tendre et sensible; en second lieu, les grosses gouttes d'eau meurtrissent les parties qu'elles frappent en tombant; alors le moindre coup de soleil un peu chaud brûle les parties meurtries qui se trouvent exposées directement aux rayons solaires. Dès lors, elle se dessèchent, elles durcissent et sont autant d'interceptions à la séve, qui, ne trouvant pas une issue suffisante, occasionne diverses maladies : brûlures, chancres, rouille et autres; en outre, si la circulation de la séve, qui est interrompue par toutes ces brûlures, ne trouve pas bien vite une nouvelle direction, la plante périt inévitablement, quelque soin qu'on lui donne.

On évite ces accidents en garantissant les plantes

du soleil, dès qu'une nuée d'orage arrive, au moyen de piquets et de paillassons ou de planches, que l'on enlève lorsque toutes les branches et les feuilles sont sèches.

Je ferai remarquer que, lors même que les plantes auraient été meurtries par la pluie, en les garantissant du soleil, elles se guériront d'elles-mêmes et le lendemain il n'y paraîtra rien.

Des chancres. — Le chancre est occasionné par des amputations mal faites, par les meurtrissures de la grêle, par une branche utile coupée ou cassée, par des arrosements faits le soir, quand les nuits sont encore fraîches, ou le matin lorsqu'il fait très-chaud, ou bien encore avec de l'eau trop froide.

Quelquefois il résulte de piqûres d'insectes; dans ce cas, on peut arrêter les progrès du mal en enlevant la piqûre avec un greffoir et en cautérisant la plaie avec du plâtre en poudre (sulfate de chaux). Dans les autres cas, le mal étant sans remède, on marcotte les branches saines pour remplacer le pied.

Cette maladie se déclare ordinairement sur la tige, à l'enfourchement des deux bras de la plante.

Il est rare que la plante soit exempte de cette maladie lorsqu'on conserve les deux branches qui naissent dans l'aisselle de chaque cotylédon; car, pour conserver ces deux branches, on coupe au-dessus des deux cotylédons la tige encore trop herbacée, et par conséquent trop tendre, et l'extravasion de séve qui en résulte pourrit la partie amputée; dès lors, il s'y forme un chancre, qui se propage rapidement par toute la plante.

De la difformité des fruits. — Le phénomène de la difformité des fruits a toujours lieu lorsqu'on ampute seulement l'extrémité de la branche qui porte le fruit, ou celle d'une de ces branches latérales. La branche qui porte le fruit, étant devenue branche principale, attire, ainsi que ses ramifications, toute la séve que le pied peut fournir. Dès lors plus rien ne doit pousser que cette branche et ses ramifications; il faut en favoriser le développement par tous les moyens possibles, et si par mégarde ou autrement on supprime la moindre partie de ces branches, la séve, contrariée dans son cours par cet accident, produit immédiatement une réaction funeste; la branche, son fruit et ses ramifications restent plusieurs jours dans l'inaction, jusqu'à ce que la séve ait trouvé une autre issue et repris un nouveau cours. Pendant ce temps d'engourdissement, le fruit s'est desséché, s'est durci, et dès lors il ne se développe que d'un côté, si toutefois il ne périt pas. En faisant au fruit, du côté où il ne prend pas de développement, deux ou trois incisions longitudinales très-légères dans l'écorce, il se redressera un peu, mais il n'aura pas de chair de ce côté, et la partie charnue n'aura jamais les qualités désirables.

La déformation des fruits ne se produira jamais si on traite les plantes comme il est expliqué dans les divers chapitres de cet ouvrage; on est assuré, au contraire, d'obtenir les plus beaux résultats, tant pour la beauté des fruits que pour la parfaite saveur et le parfum exquis de leur chair.

Des fruits qui se fendent. — Les abondantes rosées des nuits fraîches du mois de septembre font fendre les melons. Ces accidents ne nuisent en rien aux bonnes qualités des fruits. Quelques personnes opposent à ce mal des torsions de branches, les incisions et les amputations qui ne peuvent empêcher les fruits de se fendre; ces trois opérations n'ont d'autre résultat que de ralentir, détourner, et même arrêter, pour un certain temps, la circulation de la séve; il en résulte que le fruit éprouve un dérangement organique, qui nécessairement nuit à ses bonnes qualités. On évitera ce petit inconvénient en couvrant ses melons le soir, lorsque les nuits deviennent fraîches et humides; on couvre également pendant le jour ceux qui sont fendus, quand il survient de ces pluies fines et continues qui sont ordinairement froides; car une forte rosée ou la pluie déposent dans la cavité de la fente un excès d'humidité qui fait souvent pourrir le melon.

Les feuilles jaunes, la rouille, que quelques personnes nomment nielle, et la gomme, sont trois maladies qui résultent d'une mauvaise direction.

L'air vicié ou manque d'air dans la couche, une température trop basse, des arrosements trop froids ou trop copieux, ou donnés dans un moment inopportun, un terrain froid et humide, l'ombre de grands arbres, toutes ces causes peuvent déterminer les trois maladies en question et même d'autres.

Lorsqu'on aperçoit des feuilles jaunes sur une plante, il faut les enlever avec précaution pour ne pas endommager les branches, et cautériser les plaies comme il est dit plus haut.

Quand la gomme se déclare, on l'enlève avec la pointe d'un greffoir, en ayant soin de ne pas trop endommager l'écorce du fruit ou de la branche ; car cette maladie attaque indifféremment l'un et l'autre ; puis on cautérise les plaies comme il est dit ci-dessus, on leur donne le plus d'air et de chaleur possible et on ralentit les arrosements, dans le cas où la maladie aurait été occasionnée par un excès d'humidité.

La rouille ou nielle est une tache de rouille qui attaque d'abord les jeunes branches qu'elle crispe, comme la cloque crispe les feuilles de pêchers ; ces taches s'étendent rapidement ; si on n'arrête pas la maladie à son début, il faut amputer les branches attaquées et cautériser les plaies ; mais, si une branche essentielle est attaquée, le fruit est perdu sans ressource. Dès lors, quand la saison n'est pas trop avancée, on enlève la branche malade, on fait choix d'un autre fruit, on supprime tout ce qui pourrait lui intercepter la séve, comme la quatrième taille l'indique, et, en lui donnant ensuite les soins que nous avons prescrits, il pourra mûrir.

J'observeraï que les maladies des plantes ne sont

que des effets d'une fausse direction et de soins mal entendus qu'on leur donne ; et on peut être assuré qu'en les traitant comme il est expliqué dans le cours de cet ouvrage, on n'aura aucune maladie à combattre.

CHAPITRE XI.

Différentes variétés de melons.

Il existe cinq races de melons ou espèces primitives, dont chacune se subdivise en un grand nombre de variétés et sous-variétés.

Ces cinq races principales sont : 1° les maraîchers ou melons brodés; 2° les cantaloups; 3° les melons à chair verte; 4° les melons à chair blanche; et 5° les pastèques ou melons d'eau à chair rose violacée, qui ne réussissent qu'imparfaitement en France.

Je vais seulement indiquer de chaque race les variétés supérieures en qualité, et qui peuvent être cultivées avec succès sous notre climat, en désignant le plus possible, pour qu'on puisse les reconnaître plus facilement, les signes distinctifs qui caractérisent chaque variété, signes qui varient beaucoup selon le climat, le terrain et le mode de culture, qui changent leur grosseur, leur forme, leur couleur et principalement leur qualité.

Variétés de la première race ou maraîchers.

Melon maraîcher, *fig.* 12, rouge, écorce mince, demi-hâtif, très-rustique et productif; fruit gros,

Fig. 12. — Melon maraîcher.

sphérique, très-brodé, sans côtes; chair un peu grossière, juteuse, sucrée, très-bonne.

Melon de Coulommiers, *fig.* 13, très-gros, ovoïde,

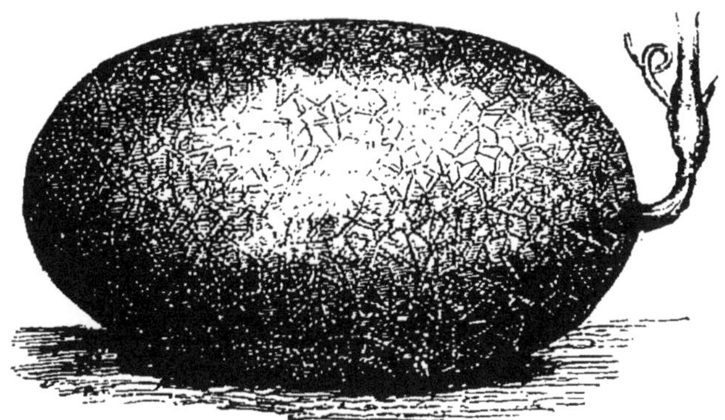

Fig. 13. — Melon de Coulommiers.

très-allongé, très-brodé, meilleur que le précédent.

Melon de Langeais, très-gros, ovoïde, à côtes régulières, dont le sillon est lisse et vert; le sommet des côtes est couvert de broderies fines; écorce mince; chair rouge, très-juteuse, excellent quand il est bien cultivé; demi-hâtif; il est considéré comme une sous-variété du maraîcher, dont il a les qualités.

Melon des Carmes, grosseur moyenne, presque sphérique, à côtes peu profondes et régulières, forte broderie grise; très-bon.

Melon de Honfleur, *fig.* 14, très-gros, ovoïde, très-allongé, à côtes bien marquées, épaisse broderie grise;

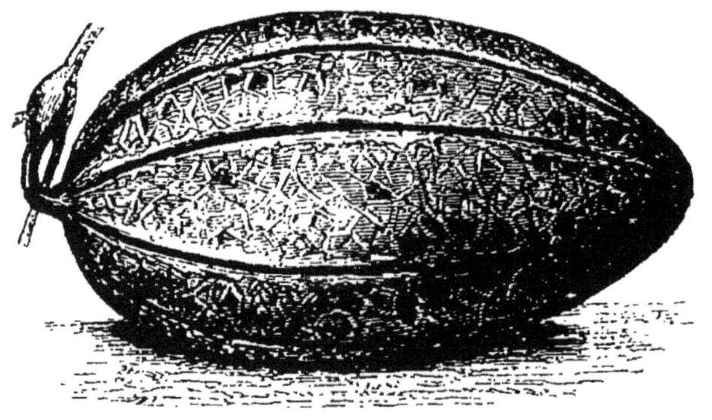

Fig. 14. — Melon de Honfleur.

même qualité que le Coulommiers; très-bon; tardif comme tous les gros melons en général; très-rustique.

Melon Morin, *fig.* 15, assez gros, presque sphérique, à côtes assez bien dessinées, large et forte broderie grisâtre; même qualité que le maraîcher dont il est une sous-variété; il n'en diffère que par sa broderie plus large et son pédoncule plus gros que celui du maraîcher.

Fig. 15. — Melon Morin.

Melon sucrin de Tours, assez gros, sphérique, un peu pyriforme, sans côtes; broderie épaisse, large, régulière et grisâtre, sur un fond verdâtre; chair rouge, fine, sucrée, très-bonne; demi-hâtif.

Melon sucrin des Barres, petit, ovoïde, sans côtes, très-brodé; très-bon.

Melon petit sucrin de Tours, petit, sphérique, à côtes insensibles; broderies à larges mailles; chair fine, très-bonne; sous-variété des deux précédents, mais un peu moins tardif.

Melon de Madère, gros, pyriforme, sans côtes; broderie épaisse et grossière, sur un fond vert jaunâtre; pédoncule long, gros et contourné; très-charnu; bon.

Melon sucrin de Provins, très-petit, sphérique, à

côtes nombreuses et régulières, dont la surface supérieure est légèrement brodée; écorce verte et jaune orange; à sa maturité, pédoncule mince, entouré à son insertion d'une zone proéminente de couleur vert jaunâtre; chair très-épaisse, ferme, sucrée et parfumée; très-bon et hâtif.

Melon de Chypre, petit sucrin de Chypre, petit, pyriforme allongé; marqué de lignes longitudinales vertes, simulant des côtes, sans broderie; couleur vert argenté, pointillé de vert plus foncé; ombilic formé par une épaisse broderie; très-charnu, très-sucré, parfumé, excellent; graines petites implantées dans la chair; un peu hâtif.

Melon de Cavaillon, ovoïde, presque sphérique, grosseur moyenne, à côtes régulières, peau jaune orange, broderie épaisse et grossière sur le sommet des côtes, chair rouge assez épaisse et grossière, vineuse, juteuse et relevée; tardif.

Ce melon réussit facilement dans le midi de la France, où il est très-cultivé, principalement à Cavaillon près d'Avignon.

Variétés de la deuxième race ou Cantaloups.

Cantaloup hâtif de vingt-huit jours, *fig.* 16, petit, sphérique; à côtes profondes, sans broderie ni gales ou verrues; écorce d'un vert tendre, maculée de taches vertes plus foncées; pédoncule court et gros; chair fondante; excellent. Il doit son nom à sa grande précocité.

Cantaloup hâtif du Japon, petit, sphérique, à côtes,

Fig. 16. — Cantaloup.

broderie blanchâtre sur un fond vert émeraude; pédoncule gros et court; excellent, très-précoce.

Cantaloup favori des Anglais, très-petit, sphérique, à côtes profondes; broderie grossière sur un fond vert; ombilic vert; pédoncule gros, arqué, enfoncé, à son insertion dans la réunion des côtes; très-bon, peu hâtif, petit, tantôt ovoïde tantôt sphérique, à côtes peu profondes, quelques petites broderies et verrues sur un fond vert jaunâtre; ombilic large couvert de broderie très-fine; pédoncule gros et contourné; très-bon, assez hâtif.

Cantaloup noir des Carmes, petit, sphérique, à côtes peu profondes, épaisse broderie grise sur un fond blanchâtre; très-bon. Il paraît être une variété du précédent dont il a les qualités.

Cantaloup orange, petit, sphérique, à côtes peu profondes, sans broderie; fond blanchâtre, maculé de petites taches vertes; pédoncule gros et court, écorce un peu épaisse; chair très-sucrée, très-bonne; hâtif.

Cantaloup orange foncé, petit, sphérique, à côtes, sans broderie; écorce vert pâle, maculée de taches vertes plus foncées; intervalle des côtes vert foncé; pédoncule de longueur et de grosseur moyennes, inséré à la réunion des côtes dans un enfoncement jaune et lisse; chair fondante, sucrée; excellent, assez hâtif.

Cantaloup gros orange, plus gros que les deux précédents, sphérique, à côtes bien marquées; écorce fond blanc, pointillée de vert, et tachée de larges plaques vertes; pédoncule gros et court, entouré d'un cercle lisse, de couleur vert jaunâtre ; très-bon, hâtif.

Cantaloup fin hâtif d'Angleterre, petit, sphérique, à côtes profondes, broderie grise sur un fond vert jaunâtre; pédoncule gros, contourné, inséré dans un cercle vert; chair sucrée, fondante, parfumée; excellent, très-hâtif.

Cantaloup orange, brodé, petit, sphérique; broderie épaisse, grisâtre, sur un vert foncé presque noir; pédoncule gros et court, s'élargissant à son insertion, écorce mince, chair très-sucrée; très-bon, hâtif.

Cantaloup petit Prescot, *fig.* 17, vert très-foncé; fond noir, grosseur moyenne, rond et aplati du pédoncule à l'ombilic, à côtes profondes; écorce épaisse, d'un vert foncé, maculée de nombreux tubercules ou verrues; d'un pédoncule enfoncé à la réunion des côtes, ombilic en couronne: ayant comme tous les

Prescots, un point de broderie à son centre; sucré, fondant; excellent; très-hâtif.

Fig. 17. — Cantaloup petit Prescot.

Cantaloup rosé, boule de Siam, petit, sphérique; sous-variété du précédent, même couleur, mais moins tuberculée; chair rosée; excellent, très-hâtif.

Cantaloup gros Prescot fond noir, sous-variété du petit Prescot fond noir, mais plus gros; à côtes profondes, de couleur blanchâtre, maculée de tubercules ou verrues d'un vert foncé, pointillées de vert encore plus foncé; écorce épaisse; chair fondante, sucrée, parfumée, délicieuse; hâtif.

Cantaloup Prescot fond blanc, petit, rond, un peu aplati; à côtes lisses, de couleur blanchâtre, pointillées légèrement de petites taches brunes; pédoncule contourné, assez long et mince; ombilic en couronne lisse comme tous les Prescots, entouré d'un cordon vert foncé; chair fine, fondante, sucrée, parfumée, délicieuse; hâtif.

Cantaloup Prescot à ombilic saillant, Prescot cul-de-singe, sous-variété du précédent; grosseur moyenne; à côtes irrégulières d'un vert jaunâtre, maculées de vert foncé et de quelques tubercules ou verrues; pédoncule mince et contourné, ombilic en couronne large, très-saillante, entouré d'un cordon de broderie, ayant un point de brodé au centre de la couronne, écorce mince; chair fondante, sucrée, parfumée, délicieuse; hâtif.

Cantaloup gros Prescot fond blanc, plus gros que le précédent, un peu aplati; à côtes irrégulières et profondes, de même couleur que le précédent, maculé de tubercules vert foncé, pédoncule gros et court et de couleur gris argenté; ombilic en couronne moins large et moins saillante que le précédent, entourée également d'une épaisse broderie, écorce mince; très-plein d'une chair exquise; sous-variété du précédent, mais un peu moins hâtif.

Cantaloup fond gris, plus gros que le précédent, presque sphérique, à côtes peu profondes, d'un vert tendre, ayant quelques tubercules vert foncé; pédoncule gros et court dont l'insertion qui s'élargit est jaune; chair fondante, sucrée, parfumée; délicieux.

Cantaloup Prescot fond gris, qui tient du Prescot fond blanc et du Prescot fond noir; ayant même forme, même grosseur et même couleur que le précédent, mais maculé de tubercules plus gros et plus nombreux, pédoncule inséré plus profondément à la réunion des côtes, et comme les trois derniers sa chair réunit toutes les qualités au plus haut degré.

Cantaloup argenté, Prescot argenté, grosseur moyenne, sphérique, un peu pyriforme; à côtes régulières, d'un blanc jaunâtre, ayant quelques taches vertes; pédoncule renflé à son insertion, où il est d'un gris argenté; ombilic en couronne large, un peu rentrante, écorce un peu épaisse, chair délicieuse; peu hâtif.

Cantaloup Decouflé, grosseur moyenne, rond, un peu aplati, de couleur vert tendre, brillant, pointillé de vert; à côtes profondes, ridées, maculées de quelques grosses verrues ou gales; ombilic en couronne très-large, entourée d'un épais cordon de broderie; chair fondante, sucrée, parfumée, excellente.

Cantaloup boule de Siam, grosseur moyenne, très-aplati, de couleur vert foncé; à côtes très-profondes, maculées de tubercules et verrues, d'un vert plus foncé; pédoncule assez gros et long; ombilic en couronne étroite, entourée d'un fort cordon de broderie fine; au centre de la couronne est une cavité très-profonde, ayant l'aspect d'un trou qui pénétrerait jusqu'à l'intérieur; chair peu épaisse mais fondante, sucrée, excellente; un peu tardif.

Cantaloup de Portugal, melon monstrueux de Portugal, très-gros, un peu allongé et un peu cylindrique, mais variant souvent de forme; d'un vert noir; à côtes peu profondes, maculées de gros tubercules verts plus foncés; pédoncule gros, contourné et renflé à sa base, où il est entouré d'une zone d'un gris argenté; excellent, mais un peu tardif.

Cantaloup noir de Hollande, très-gros, pyriforme, allongé, d'un vert foncé ; à côtes profondes, couvertes de gros tubercules d'un vert plus foncé ; pédoncule gros et court; chair peu épaisse, très-bonne ; mais un peu tardif comme tous les gros melons.

Cantaloup Turpin, très-gros, ovoïde, allongé, à côtes profondes, broderie grise sur un fond vert noir; il est orné de quelques tubercules; écorce un peu épaisse; chair fondante, sucrée, parfumée, délicieuse; peu tardif.

Cantaloup noir, gros, galeux; fruit gros, rond, d'un vert presque noir ; à côtes profondes, maculées de gros tubercules blanchâtres, entourés de vert tendre; ombilic en couronne, un peu rentrante, et lisse, entourée d'un cordon de broderie ; chair mince, excellente ; un peu tardif.

Il paraît être une variété du melon de Portugal.

Cantaloup de Rome, melon noir, grosseur moyenne, ovoïde, de couleur vert foncé, à côtes profondes maculées de gros tubercules d'un vert presque noir ; ces tubercules sont ornés de broderie fine et blanchâtre; pédoncule gros, contourné et entouré à son insertion d'un cercle lisse de couleur vert jaunâtre, écorce épaisse, très-bon ; tardif.

Cantaloup du Mogol, *fig.* 18, cantaloup du Grand-Mogol, gros, ovoïde allongé, un peu turbiné, à écorce lisse d'un blanc verdâtre; à côtes peu marquées, maculées de petites gales et d'une légère broderie ; pédoncule gros, long et contourné, s'élargissant à sa base; écorce mince; chair fondante, sucrée, parfumée, délicieuse; tardif. Ne pas le confondre avec le

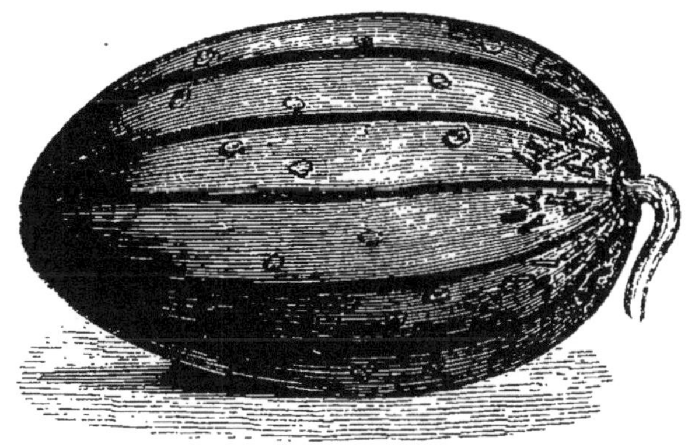

Fig. 18. — Cantaloup du Mogol.

cantaloup galeux du Mogol, qui est beaucoup plus allongé et dont la qualité est bien inférieure.

Variétés de la troisième race, ou melons à chair verte.

Sucrin vert, melon de Grammont, *fig.* 19, melon vert de Rouen, grosseur moyenne, ovoïde, de cou-

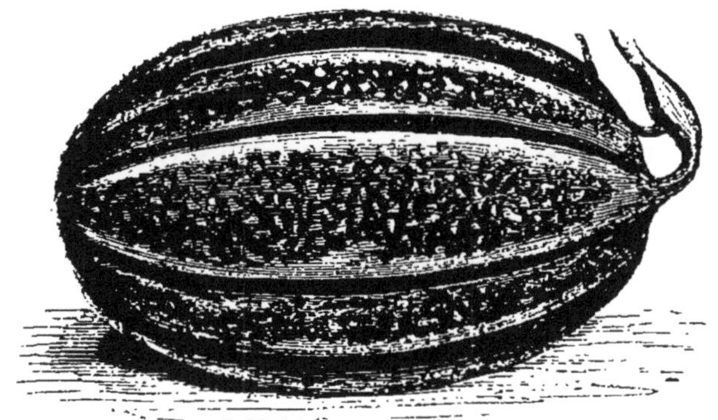

Fig. 19. — Sucrin vert, melon de Grammont.

leur verte; à côtes peu profondes, couvertes d'une

broderie grisâtre très-fine et très-serrée; écorce mince; chair verte, fondante, très-sucrée; très-bon, un peu tardif.

Gros melon de Grammont, gros sucrin vert, gros melon vert de Rouen, même forme que le précédent, mais plus gros et plus court et un peu turbiné; chair d'un vert un peu moins foncé, et mêmes qualités.

Petit melon de Grammont, petit sucrin vert glacé, petit melon vert de Rouen, petit, sphérique, même couleur, à côtes peu profondes, broderie plus large, pédoncule plus gros et plus long que les deux précédents desquels il résulte; chair d'un vert plus tendre, très-sucrée, de laquelle il découle un jus transparent et épais qui se fige, pour ainsi dire, sur la tranche et la fait paraître glacée.

Sucrin à chair verte, muscade à chair verte de la Caroline, grosseur moyenne, ovoïde, à côtes peu profondes, broderie blanchâtre fine et serrée sur un fond vert tendre; chair d'un vert pâle veinée de vert foncé du côté de l'écorce, très-fondante, très-sucrée, excellente; hâtif.

Melon de Smyrne, melon d'Égypte, petit, sphérique, d'un vert jaunâtre; à côtes bien dessinées, peu profondes et brodées; l'intervalle des côtes est lisse, d'un vert plus foncé; pédoncule gris argenté; chair épaisse d'un vert foncé depuis le milieu jusqu'à l'écorce, et d'un blanc jaunâtre de l'autre côté, fondante, très-bonne; peu hâtif.

Cantaloup à chair verte fondante, cantaloup de Hollande, petit, presque sphérique, vert jaunâtre, pointillé de vert plus foncé, à côtes peu profondes; pédoncule long, mince et entouré à sa base d'une auréole lisse de couleur vert blanchâtre; chair d'un vert foncé du côté de l'écorce, et vert pâle du côté des graines; très-fondant, sucré, très-bon; peu hâtif.

Cantaloup brodé à chair verte, melon de Hollande, petit, sphérique, jaune blanchâtre, à côtes couvertes d'une large et épaisse broderie de couleur marron mélangée de couleur bois; pédoncule gros, de couleur marron, s'élargissant à sa base; chair verte, fine, fondante, sucrée, excellente.

Cantaloup fin d'Angleterre à chair verdâtre, petit, sphérique, de couleur vert jaunâtre, à côtes bien marquées, épaisse broderie sur le sommet des côtes, et les intervalles des côtes sont lisses. Chair verte, sucrée, très-bonne.

Melon d'Italie, fruit très-allongé, d'un vert foncé, broderie grise et régulière, sans côtes; pédoncule gros, vert tendre et s'élargissant à sa base; écorce mince; chair verte, très-bonne; hâtif.

Melon de Malte d'été, *fig.* 20, à chair verte, petit, sphérique, vert foncé, pointillé de blanc, sans côtes; broderie grise, écorce mince, pédoncule gros et court; chair verte, sucrée, fondante, excelleute.

Melon de Malte d'hiver à chair, verte, grosseur moyenne, pyriforme, de couleur vert foncé, broderie rare et grossière, écorse lisse et mince; épaisse broderie à l'ombilic, d'où partent des lignes vertes longitudinales allant se perdre au milieu de la longueur du fruit; ces lignes simulent des côtes; chair verte, excellente.

Fig. 20. — Melon de Malte d'été.

Melon muscade à chair verte; grosseur moyenne, pyriforme, de couleur vert foncé; broderie grise, très-épaisse à l'ombilic, sans côtes; pédoncule long; écorce mince; chair verte, fondante, sucrée, excellente.

Melon Scipiona à chair verte, grosseur moyenne; ovoïde, sans côtes; écorce mince, de couleur vert foncé; broderie régulière d'un gris jaunâtre; pédoncule long et gros; chair verte très-bonne.

Melon Sargeret, à chair verte, gros, ovoïde, vert foncé, sans côtes; broderie grise et grossière, plus serrée près du pédoncule qui est gros et court; ombilic couvert d'une épaisse broderie; chair verte, très-bonne.

Melon Sageret fond blanc, *fig.* 21, à chair verte, sous-variété du précédent, obtenu par M. Jacquin aîné; fruit de grosseur moyenne, ovoïde, un peu court; écorce mince, de couleur jaune tendre, à côtes régulières et bien marquées; ombilic brodé; pédoncule gros et court; chair d'un vert blanchâtre, très-bonne.

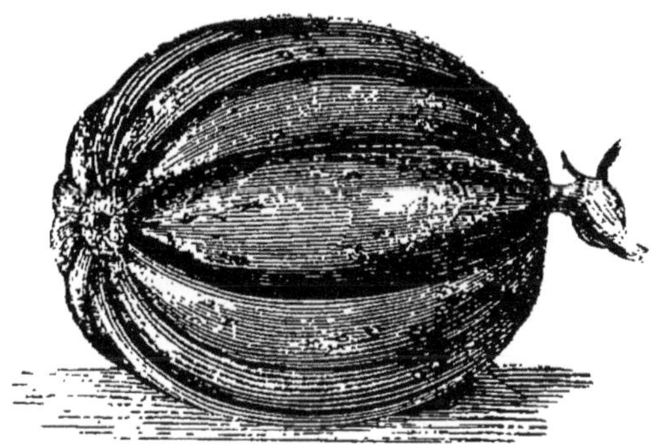

Fig. 21. — Melon Sageret fond blanc.

Melon ananas d'Amérique, à chair verte, petit, sphérique; écorce mince, lisse, d'un vert jaunâtre; côtes régulières, séparées par des lignes d'un vert foncé mélangé de brun; sans broderie; pédoncule assez gros et un peu long; chair verte, très-bonne.

Melon citron d'Amérique à chair verte, petit, ovoïde, bien fait; écorce mince, d'un beau vert, à côtes très-régulières et peu profondes; rare et épaisse broderie par intervalle; pédoncule mince, allongé, entouré à sa base d'une large auréole d'un vert très-clair; chair très-verte, très-sucrée, ayant un peu le parfum de la pêche, excellente; graines très-petites.

Melon d'Andalousie à chair verte, petit, ovoïde, à côtes peu profondes, bien fait; écorce mince, jaune verdâtre; légère broderie près du pédoncule, qui est gros et court; chair verte, plus foncée du côté de l'écorce, fondante, sucrée, excellente.

Melon de Céphalonie à chair verte, gros, ovoïde, allongé, un peu turbiné, à côtes régulières peu profondes; écorce mince, jaune verdâtre, quelques taches de broderie entourées de vert foncé; pédoncule long, s'élargissant un peu à sa base. Chair très-verte, excellente.

Melon du Pérou, à chair verte, assez gros, ovoïde, vert foncé, à côtes peu profondes, broderie grise; pédoncule court et mince; chair verte, séparée de l'écorce, un peu épaisse et de même couleur que la chair, par une ligne verte très-foncée et excellente.

Malheureusement il ne réussit pas toujours bien, parce qu'il lui faut beaucoup de chaleur.

Melon de Perse, à chair verte, pyriforme, très-allongé, sans côtes; à écorce mince, lisse, d'un vert jaunâtre; quelques broderies d'un blanc jaunâtre; pédoncule long, mince et contourné; ombilic en couronne, entourée d'un cercle vert; chair verte, très-sucrée, très-bonne.

Melon de Candie, à chair verte, petit, ovoïde, allongé, un peu turbiné, sans côtes; écorce mince et jaune foncé, rare et épaisse broderie grise, pédoncule mince; chair très-verte, fondante, sucrée, délicieuse.

Variétés de la quatrième race, ou melons à chair blanche.

Cantaloup du Mogol, à chair blanc de lait, grosseur moyenne, ovoïde, un peu allongé; écorce mince, jaune nankin, sans tache ni broderie, à côtes peu profondes; pédoncule gros et court ayant une teinte pourpre à sa base; chair très-blanche, excellente; hâtif.

Melon de Valence, à chair blanche, gros, ovoïde, sans côtes; écorce mince, verte, pointillée de vert plus foncé, légèrement brodé; pédoncule mince, qui se dessèche à maturité; chair blanche, sucrée, très-bonne.

Melon de Malte d'été, à chair blanche, petit, sphérique, sans côtes; écorce verdâtre, pointillée de vert plus foncé, quelques points de broderie grise; pédoncule mince se desséchant à maturité; la base du pédoncule est entourée d'une bande lisse et jaune; cette bande est cernée de rayons très-serrés, vert foncé; chair blanche marbrée de vert, excellente.

Melon de Malte, très-hâtif à chair blanche, très-petit, sphérique, sans côtes; écorce vert jaunâtre; quelques raies vertes longitudinales, placées irrégulièrement; quelques points de broderie du côté du pédoncule, qui est long et mince; ombilic saillant se terminant en pointe et entièrement brodé; chair blanche sucrée, délicieuse.

Melon de Tripolitza, à chair blanche, gros, ovoïde, très-allongé, sans côtes, vert foncé; abondante et régulière broderie grise; pédoncule long et ondulé; chair blanche, sucrée, excellente.

Melon de Constantinople, à chair blanche, gros, allongé, un peu cylindrique, sans côtes, écorce mince et verte, quelques points de broderie; pédoncule un peu allongé et assez gros; chair blanche, très-bonne.

Melon de Cavaillon d'hiver, d'Espagne, à chair

blanche, assez gros, ovoïde, très-allongé ; sans côtes ; écorce mince, de couleur vert foncé, maculée de points verts encore plus foncés, principalement près du pédoncule, qui est mince et long ; chair d'un blanc verdâtre, très-bonne.

Melon du Pérou, à chair blanche, assez gros, ovoïde, à côtes peu profondes ; écorce d'un vert foncé, broderie grise par intervalle ; pédoncule vert, un peu renflé à sa base ; chair blanche verdâtre, très-bonne ; mais il ne réussit pas toujours bien parce qu'il demande beaucoup de chaleur.

Melon de Tiflis, à chair blanche, grosseur moyenne, ovoïde, bien fait, sans côtes ; écorce mince, jaune verdâtre ; broderie grisâtre assez abondante ; pédoncule gros et court, s'élargissant à sa base ; chair d'un blanc vert, cassante, très-fondante, excellente.

Melon de Morée, à chair blanche, très-gros, pyriforme, très-allongé, sans côtes ; écorce assez mince, jaune, maculée de quelques taches vertes ; pédoncule mince, d'un beau vert et très-renflé à sa base ; chair blanche, rayée de vert, très-bonne.

Melon d'Ispahan, à chair blanche, petit, sphérique, à côtes irrégulières dont les intervalles sont lisses et d'un vert foncé ; écorce mince, jaunâtre, maculée de quelques broderies jaune foncé, principalement du côté du pédoncule, qui est gros et dont la base forme une plaque verte ; cette plaque est elle-même entourée d'un cordon vert très-foncé ; chair blanche, fondante, sucrée ; un des meilleurs de sa race.

Variétés de la cinquième race. Pastèque ou melon d'eau.

Pastèque d'Andalousie, *fig.* 22, fruit gros, presque sphérique; écorce lisse marquée longitudinalement de bandes vert clair, et alternativement de bandes vert

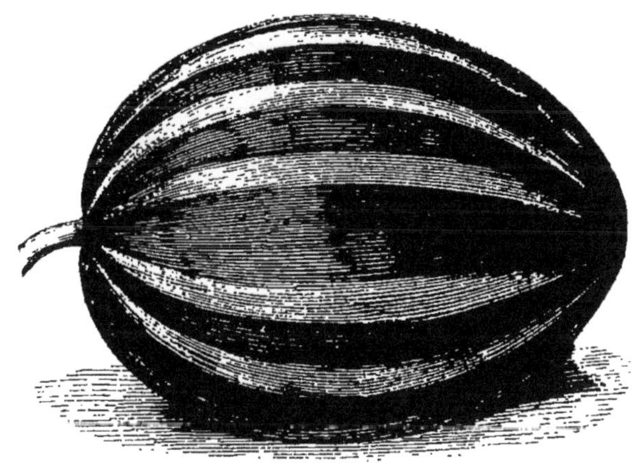

Fig. 22. — Pastèque d'Andalousie.

foncé; pédoncule gros dont l'insertion est un peu enfoncée; chair rose violacée, glacée, fondante, excellente quand le fruit est bien mûr; graines noires.

Pastèque piquetée d'Andalousie; fruit petit, sphérique; écorce mince, d'un vert foncé, pointillée de blanc, marquée de raies plus foncées simulant des côtes; pédoncule long et mince, s'élargissant à sa base qui est entourée d'une large bande lisse, d'un vert plus clair; chair rose violacée, juteuse, sucrée, délicieuse; graines noires.

Pastèque du Portugal, *fig.* 23, fruit très-gros, ovoïde, allongé; écorce vert foncé, maculée de taches vertes plus intenses, marquée de petites bandes longitudinales, de couleur jaune verdâtre, simulant des côtes;

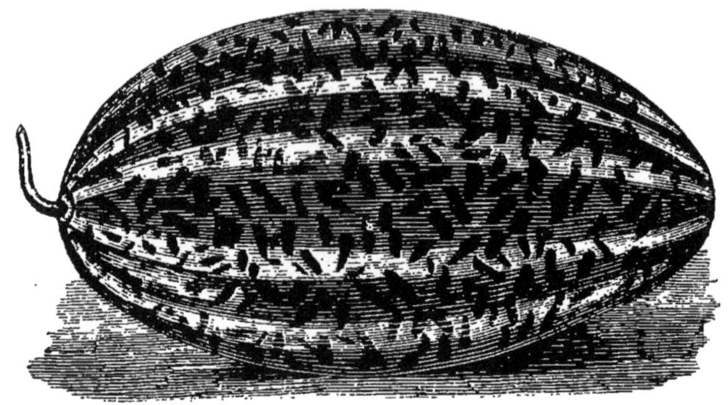

Fig. 23. — Pastèque de Portugal.

pédoncule long et mince; chair rose, fondante, sucrée, délicieuse; graines noires.

Pastèque du Caucase, de Constantinople, fruit assez gros, sphérique, d'un vert jaunâtre marbré de taches vertes foncées, simulant de la broderie; pédoncule assez gros, allongé, de couleur bois; chair blanche depuis l'écorce jusqu'au tiers de son épaisseur, et l'autre partie est rouge jaunâtre; excellent; graines rouge foncé tirant sur le brun.

FIN.

Évreux, Ch. Hérissey, imp. — 578

TABLE DES MATIÈRES.

LE NOUVEAU

JARDINIER ILLUSTRÉ

1 vol. in-18 de 1800 pages

ORNÉ DE 500 FIGURES DANS LE TEXTE

Dessinées par MM. COURTIN, FAGUET et RIOCREUX

PRIX *franco* : **7 francs**

Admis pour les Bibliothèques scolaires. — Couronné par la Société d'horticulture de Cherbourg.

On trouve dans cet ouvrage :

Le *Calendrier des travaux à faire chaque mois* ;
Des *Notions élémentaires de botanique* ;
La *Multiplication et l'élevage des plantes* ;
La *Description et l'usage des instruments de jardinage* ;
La *Description et la destruction des animaux nuisibles* ;
Les *Maladies des végétaux et leur traitement* ;
Un *Dictionnaire des principaux termes techniques employés en jardinage* ;
La *Construction des serres et abris* ;
Le *Chauffage des serres* ;
La *Culture et la taille des arbres fruitiers* ;
La *Culture ordinaire, hâtée et forcée des légumes* ;
La *Culture des fleurs de pleine terre, annuelles, bisannuelles et vivaces; des plantes de serre froide et de serre chaude* ;
La *Liste des horticulteurs français et étrangers*, avec l'indication des plantes qu'ils cultivent spécialement.

Toutes ces questions ont été traitées par :

MM. HÉRINCQ, attaché au Muséum d'Histoire naturelle ;
LAVALLÉE, membre de la Société de Botanique ;
NEUMANN, chef des Serres du Muséum ;
VERLOT, jardinier de l'École de botanique du Muséum ;
COURTOIS-GÉRARD, PAVARD, BUREL et CELS, horticulteurs.

Ces noms, connus et appréciés du monde horticole, sont une garantie de l'exactitude des descriptions et des procédés culturaux.

BIBLIOTHÈQUE DE L'HORTICULTEUR PRATICIEN

Arboriculture. — Manuel pratique renfermant ce que les meilleurs auteurs et les praticiens ont dit de mieux sur le *défoncement*, la *taille* et la *mise à fruit des arbres fruitiers*, par l'abbé RAOUL. In-18, orné de pl. — *Admis pour les Bibliothèques scolaires.* 2 fr.

Arbres fruitiers (*Conseils sur le choix, la culture et la taille des*), pouvant convenir aux provinces du nord, de l'est, de l'ouest et du centre de la France, par le comte DE LAMBERTYE. In-18, orné de 33 grav. — *Admis pour les Bibliothèques scolaires.* 1 fr.

Asperges (*Semis, plantation et culture des*), par BOSSIN. 3e édit. In-18, fig. 1 fr.

Bouturer, greffer, marcotter et semer (*Guide pour*) les plantes d'ornement, annuelles, vivaces, arbres et arbustes, etc., extrait en partie du JARDIN FLEURISTE, par Ch. LEMAIRE et LEQUIEN. 2e édit. In-18, orné de 35 fig. 1 fr.

Cactées. — Leur culture, suivie d'une description des principales espèces et variétés, par PALMER. 1 vol. in-18, orné de 33 fig. dans le texte. 2 fr.

Canna. — Histoire, culture et multiplication, suivi d'une monographie des espèces et des variétés principales, par CHATÉ. 1 vol. in-32, orné d'une fig. hors texte. 1 50

Champignons. — Culture des champignons, avec l'indication d'une nouvelle méthode pour en obtenir en tous lieux par l'emploi de la mousse, etc., par SALLE. 4e édit. 1 vol. in-18, orné de 20 fig. dans le texte. 1 fr.

Fleurs de pleine terre et de fenêtres. — Conseils sur leur culture pouvant convenir aux provinces du nord, de l'est, de l'ouest et du centre de la France, par le comte DE LAMBERTYE. 2e édit. 1 vol. in-18. — *Admis pour les Bibliothèques scolaires.* 1 fr.

Floriculture des appartements, des fenêtres et balcons, par un amateur. 1 vol. in-18, orné de fig. dans le texte (*sous presse*).

Fraises. — Les Bonnes Fraises. Manière de les cultiver pour les avoir au maximum de beauté, par F. GLOEDE. 2e édit. 1 vol. in-18, orné de fig. 2 fr.

Fraisier. — Sa culture en pleine terre, suivie d'un choix des meilleures variétés à cultiver, par le comte DE LAMBERTYE. 1 vol. in-18. 1 fr.

Fuchsia (*Histoire et Culture du*), suivies de la description de 540 espèces et variétés, par F. PORCHER. 1 vol. in-18. 4e édition. 2 fr.

Géranium et Pélargonium. — Multiplication et culture, par MALET et VERLOT. 1 vol. in-32, orné de 10 grav. dans le texte. 1 25

Giroflées. — Culture et multiplication, suivies d'une description complète de divers modes d'essimplage, par CHATÉ. 1 vol. in-32, orné de 6 fig. hors texte. 1 25

Jardin fleuriste (*le*). — Instructions pour la culture des plantes annuelles, bisannuelles, vivaces; fougères; plantes à feuilles ornementales; oignons à fleurs; conifères; arbrisseaux; arbres et arbustes, par LEMAIRE, LEQUIEN, BOSSIN, BERNARDIN, CARRIÈRE, vicomte DU BUYSSON, PALMER, PORCHER, RIVIÈRE fils aîné, etc.; revu et complété par A. RIVIÈRE, jardinier en chef du Luxembourg. 4e éd. 1 vol. in-18, orné de nombreuses fig. 3 50

Jardinage. — Eléments de jardinage pouvant convenir aux provinces du nord, de l'est, de l'ouest et du centre de la France, par le comte DE LAMBERTYE. in-18, fig. 1 fr.

Légumes. — Conseils sur les semis de graines, de légumes, pouvant convenir aux départements du nord, de l'est, du nord-ouest et du centre de la France, par le comte DE LAMBERTYE. 4e édit., augmentée de la *Culture des Fraisiers au village*. In-18. 1 fr. *Admis pour les Bibliothèques scolaires.*

Légumes et fleurs. — Conseils sur leur culture sous un, deux ou trois châssis, pendant les douze mois de l'année, pouvant convenir aux provinces du nord, de l'est, de l'ouest et du centre de la France, par le comte DE LAMBERTYE. In-18, orné de 6 fig. 50 c.

Melon, Concombre vert et long, Concombre cornichon, Courge à la moelle et Potiron vert d'Espagne. — Conseils sur leur culture à l'air libre, par le comte DE LAMBERTYE. 1 vol. in-18, orné de figures indicatives pour les tailles. 1 fr.

Plantes à feuilles ornementales en pleine terre : botanique et culture, par le comte DE LAMBERTYE. 2 vol. in-18 avec fig. 2 fr.

Plantes molles de pleine terre (*Culture des*), *Pétunia, Géranium, Pensée, Verveine, Héliotrope*, par le vicomte F. DU BUYSSON. 1 vol. in-18, fig. 1 fr.

Poirier et Pommier. — Semis, plantation et culture dans les champs et les vergers, suivi d'une notice sur la fabrication du cidre et sur les préparations alimentaires des poires et des pommes, par Ferdinand MAUDUIT. 1 vol. in-18, orné de 24 fig. 1 25
Couronné par la Société d'horticulture de la Seine-Inférieure.— *Admis pour les Bibliothèques scolaires.*

Rosier. — Taille et culture, par FORNEY, 2e édit. 1 vol. in-12, fig. 2 fr.

NOTA. — Le catalogue complet de la librairie sera envoyé *franco* sur demande *affranchie.*

Evreux, Ch. HÉRISSEY, imp. — 578.

BIBLIOTHEQUE NATIONALE DE FRANCE

www.ingramcontent.com/pod-product-compliance
Ingram Content Group UK Ltd.
Pitfield, Milton Keynes, MK11 3LW, UK
UKHW021225230726
13926UKWH00003B/1254